中华现代学术名著丛书

变态心理学派别

朱光潜 著

商务印书馆
创于1897 The Commercial Press

图书在版编目(CIP)数据

变态心理学派别/朱光潜著.—北京:商务印书馆,2015(2021.11重印)
(中华现代学术名著丛书)
ISBN 978-7-100-11818-7

Ⅰ.①变… Ⅱ.①朱… Ⅲ.①变态心理学—心理学学派 Ⅳ.①B846-06

中国版本图书馆CIP数据核字(2015)第285024号

中华现代学术名著丛书
变态心理学派别
朱光潜 著

商 务 印 书 馆 出 版
(北京王府井大街36号 邮政编码100710)
商 务 印 书 馆 发 行
北 京 通 州 皇 家 印 刷 厂 印 刷
ISBN 978-7-100-11818-7

2015年12月第1版 开本 880×1240 1/32
2021年11月北京第2次印刷 印张 4⅝

定价:49.00元

朱 光 潜

(1897—1986)

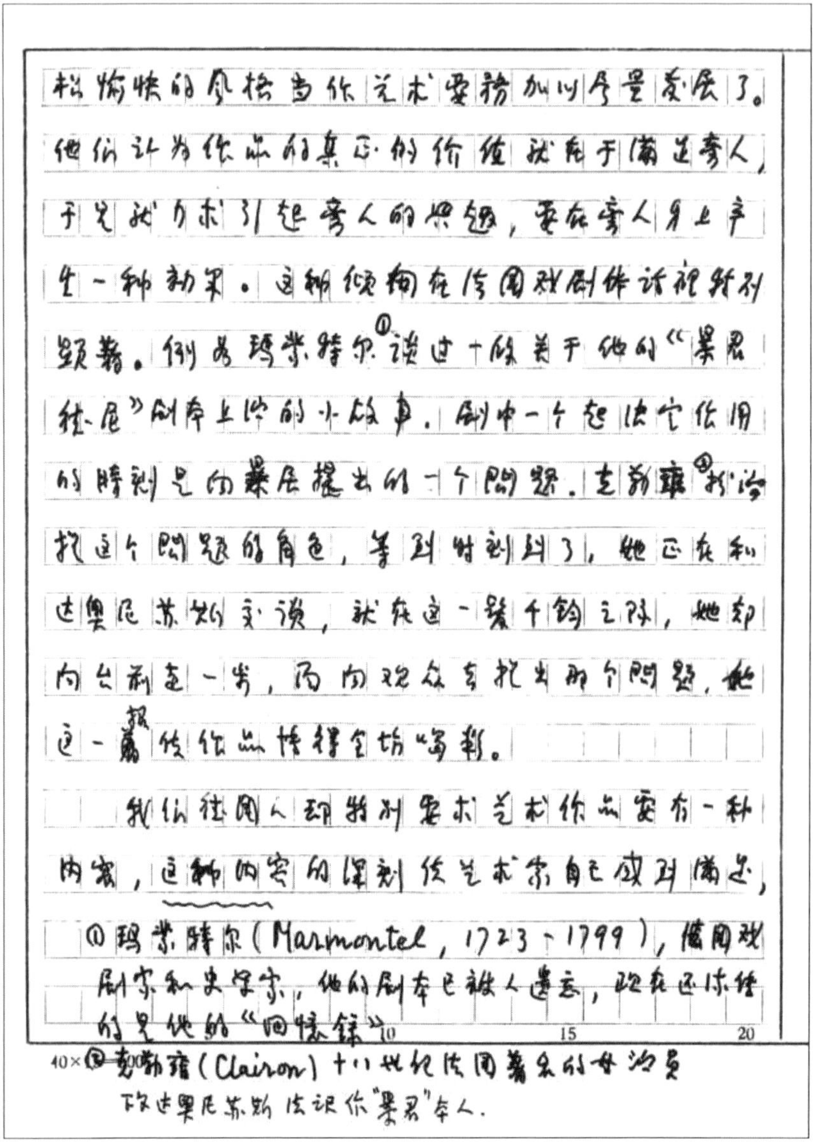
松愉快的风格当作艺术要務加以尽量发展了。他们认为作品的真正的价值就在于满足旁人，于是就力求引起旁人的兴趣，要在旁人身上产生一种効果。这种倾向在法国戏剧作品里特别显著。例如玛蒙特尔①谈过一段关于他的"暴君狄尼"剧本上演的小故事。剧中一个起决定作用的時刻是向暴君提出的一个問題。克莱蓉②扮演提这个問題的角色，等到时刻到了，她正在和狄奥尼苏斯交谈，就在这一髮千鈞之际，她却向台前走一步，面向观众去提出那个問題，她这一招使作品博得全场喝彩。

我们德国人却特别要求艺术作品要有一种内容，这种内容的深刻使艺术家自己感到满足，

①玛蒙特尔（Marmontel，1723—1799），法国戏剧家和史学家，他的剧本已被人遗忘，现在还流传的是他的《回憶録》。

②克莱蓉（Clairon）十八世纪法国著名的女演员，下文狄奥尼苏斯就是"暴君"本人。

作者手迹

出版说明

百年前，张之洞尝劝学曰："世运之明晦，人才之盛衰，其表在政，其里在学。"是时，国势颓危，列强环伺，传统频遭质疑，西学新知亟亟而入。一时间，中西学并立，文史哲分家，经济、政治、社会等新学科勃兴，令国人乱花迷眼。然而，淆乱之中，自有元气淋漓之象。中华现代学术之转型正是完成于这一混沌时期，于切磋琢磨、交锋碰撞中不断前行，涌现了一大批学术名家与经典之作。而学术与思想之新变，亦带动了社会各领域的全面转型，为中华复兴奠定了坚实基础。

时至今日，中华现代学术已走过百余年，其间百家林立、论辩蜂起，沉浮消长瞬息万变，情势之复杂自不待言。温故而知新，述往事而思来者。"中华现代学术名著丛书"之编纂，其意正在于此，冀辨章学术，考镜源流，收纳各学科学派名家名作，以展现中华传统文化之新变，探求中华现代学术之根基。

"中华现代学术名著丛书"收录上自晚清下至20世纪80年代末中国大陆及港澳台地区、海外华人学者的原创学术名著（包括外文著作），以人文社会科学为主体兼及其他，涵盖文学、历史、哲学、政治、经济、法律和社会学等众多学科。

出版“中华现代学术名著丛书”，为本馆一大夙愿。自1897年始创起，本馆以“昌明教育，开启民智”为己任，有幸首刊了中华现代学术史上诸多开山之著、扛鼎之作；于中华现代学术之建立与变迁而言，既为参与者，也是见证者。作为对前人出版成绩与文化理念的承续，本馆倾力谋划，经学界通人擘画，并得国家出版基金支持，终以此丛书呈现于读者面前。唯望无论多少年，皆能傲立于书架，并希冀其能与“汉译世界学术名著丛书”共相辉映。如此宏愿，难免汲深绠短之忧，诚盼专家学者和广大读者共襄助之。

商务印书馆编辑部

2010年12月

凡　　例

一、“中华现代学术名著丛书”收录晚清以迄20世纪80年代末，为中华学人所著，成就斐然、泽被学林之学术著作。入选著作以名著为主，酌量选录名篇合集。

二、入选著作内容、编次一仍其旧，唯各书卷首冠以作者照片、手迹等。卷末附作者学术年表和题解文章，诚邀专家学者撰写而成，意在介绍作者学术成就，著作成书背景、学术价值及版本流变等情况。

三、入选著作率以原刊或作者修订、校阅本为底本，参校他本，正其讹误。前人引书，时有省略更改，倘不失原意，则不以原书文字改动引文；如确需校改，则出脚注说明版本依据，以“编者注”或“校者注”形式说明。

四、作者自有其文字风格，各时代均有其语言习惯，故不按现行用法、写法及表现手法改动原文；原书专名（人名、地名、术语）及译名与今不统一者，亦不作改动。如确系作者笔误、排印舛误、数据计算与外文拼写错误等，则予径改。

五、原书为直（横）排繁体者，除个别特殊情况，均改作横排简体。其中原书无标点或仅有简单断句者，一律改为新式标点，专名号从略。

六、除特殊情况外，原书篇后注移作脚注，双行夹注改为单行夹注。文献著录则从其原貌，稍加统一。

七、原书因年代久远而字迹模糊或纸页残缺者，据所缺字数用“□”表示；字数难以确定者，则用“（下缺）”表示。

目　录

序

本不善作序，从来也没有代人家作序，此次总算破例了。孟实先生著《变态心理学派别》，所以要我作序者，盖亦有故。他在学问上的兴趣是多方面的；对于文学、哲学、心理学、论理学都感到无上的兴趣，而于文学及心理学尤甚。记得他赴英留学的第一年，还常写信来说自己很犹豫，究竟舍心理学而专研文学呢，或竟舍文学而专研心理学呢？亚理斯多德式的学者在现在是不可能的，于是孟实先生乃不得不有所舍。最近他已决定取文学而舍心理学，所以他说著了此书之后，将不再于心理学有所论列了。他以为我是他早年心理学方面的朋友，所以深承他的厚意，我便来作这一篇序。

孟实先生虽算是文学和心理学间的“跨党”分子，然而他在心理学上对国人的贡献，实超过于一般“像煞有介事”的专门家之上。譬如我们现在都知道弗洛伊德，但是介绍弗洛伊德的学说的，算是他第一个。我们现在已习闻“行为主义”，但是介绍“行为主义”的，也是他第一个。我们现在已屡有人谈起考夫卡和苛勒，但是评述完形派心理学的，又是他第一个。读者只须查阅《留英学报》、《东方杂志》及已停刊的《改造杂志》，便可证明孟实先生在心理学方面的努力了。

由他看来，心理学在现在还是一种意见分歧、莫衷一是的学科。各派学者都很有理由攻击他人的主张，可都没有理由掩护自己的缺点。因为这个缘故,所以他在心理学上是徘徊的,怀疑的,不轻易表示态度的(可参看他的关于完形派心理学的论文,登《东方杂志》),也因为这个缘故,所以他对于心理学各派都予以相同的注意,不分厚薄。以"专家"自傲或自欺的学者,往往明于一家之说而昧于他家之说。所以先必有孟实先生的不偏不倚的态度,然后才够得上著《变态心理学派别》。此书对于变态心理学各派,可算是列举无余。虽说是漏脱 Dr. Rivers 和 McDongall 然而有了 Morton Prince 也就可以作他们的代表了。

我虽于心理学上主张"左倾",然而对于孟实先生的不偏不倚的态度,却也表示十二分赞成。这几年来,颇想能著一本《心理学派别》或类似的书,以便初学,可是惭愧的很,因忙于他种无聊的编辑的事,到现在还未曾动笔。读了孟实先生的书,因并用以自勖。是为序。

1929 年 5 月 24 日高觉敷序于杭州医院内

第一章　引论

向来传统心理学者只以健全的成人为研究的对象，而对于成人的心理又只注意到意识生活一部分。近代心理学的最大成就在把这种窄小范围大加扩充。

扩充的方向有二：一是离“心”的，一是向“心”的。

因有离“心”的扩充，心理学现已把动物和婴儿都包在研究范围之内。从前惟我独尊的成人心理学固然退处于附庸之列，而意识生活也被视为无关紧要了。这种运动的先驱者要推美国发生派心理学者和行为派心理学者。行为派主将华德生甚至于把整个的“心”完全割去，专讲刺激反应，因为刺激反应是动物界的普遍现象，可以用客观的科学方法来研究的。

但是同时现代心理学又有向“心”的扩充。因有向“心”的扩充，心理学已把隐意识和潜意识比意识看得更重要。从前“心”和“意识”几乎是可互换的同义字，现在意识只是“心”的一部分，而且并不重要的部分。好比大海中浮着冰山，意识只是浮在水面的一部分，而大部分没在水中的是隐意识和潜意识。现代心理学者好比鲛人，常欢喜没入深渊里去探珠。他们窥透心的深处，发见心的原动力不是理智而是本能与情感。这个新发见给18、19两世纪的理智主义一个极强烈的打击。

研究隐意识和潜意识的心理学通常叫做“变态心理学”（Abnormal Psychology）。严格的说，这个名词并不精确。从近代心理学的观点看，任何人的心理都带有若干所谓“变态”的成分。比方说，谁不曾做梦？而梦就是一种“变态”的心理作用；普通人都可受催眠暗示，而催眠暗示也都是“变态”的心理作用。我们还可以说，通常所谓“变态”其实都是“常态”，因为“变态”是潜意识或隐意识作用，而这两种作用实占心的最大部分。我们读耶勒、弗洛伊德、荣格、普林斯诸人的著作时，每每有一种感想，他们把一切心理作用都用变态心理学的观点解释完了，然则变态心理学以外不就别无所谓心理学么？总之，“变态”这两个字是不合逻辑的。

“变态”这个名词究竟如何起来的呢？我们可以说它是传统心理学所给的诨号。传统心理学者只研究意识现象，而意识不能察觉的现象所以被称为“变态”。这自然不精确。我们何以沿用这个不甚精确的名词呢？第一，本编所介绍的学者们大多数都承受这个名词而不辩驳，所以在科学界“变态”两个字在大家心中都有一种相同的“外延”。名字的意义本来是积习养成的。既成了习惯以后，虽然经不起严格的推敲，而为便利起见，我们正不妨沿用。第二，我们所介绍的学者们大半起家于精神病医，所谓“精神病”自然也是程度问题，而极端的例子实在是与“常态”有别。

变态心理现象的研究由来已久。亚理斯多德在《诗学》（Poetics）里论悲剧的功效，曾说哀怜和恐怖两种情绪可因发泄而净化（katharsis）。他所谓“净化”和弗洛伊德的“升华”就很相似。近代德国哲学家对于弗洛伊德派心理学说早已开其端倪，莱布尼兹（Leibniz）以为造成世界的原子（monads）都有感觉。原子的等级有高低，而它们感觉的能力也有强弱之别。最高的原子才有“明觉”（clear perception），中等原子有“混觉”（confused perception），低等原子只有“昧觉”(obscure perception)。所谓“昧觉”就近于“隐意识”。叔本华(Schopenhauer)以为世界中事事物物都受意志支配。低等生物也有意志,不过自己不能察觉。“隐意识”也可以说就是“不能自觉到的意志”。尼采(Nietzsche)以为人的根本冲动是“趋附权力的意志”(the will to power)。荣格和阿德勒的学说都很带些叔本华和尼采的色彩,我们看完本编之后,自然知道。后来哈特曼(Hartmann)把叔本华的学说应用到心理学上,其主张更与隐意识学说相近。比如他说“本能是受制于无意识的目的之有意识的意志”(conscious willing conditioned by unconscious purpose),就几乎与弗洛伊德同一鼻孔出气了。

我们在本编只是介绍近代变态心理学的主要思潮,所以把只有考据家用得着的史料一概从略。而且我们的兴趣偏重在科学的研究,带有哲学色彩的心理学说也和我们气味不相投。

概括的说,近代变态心理学有两大潮流:

第一个潮流发源于法国,流衍为“巴黎派”和“南锡派”。“南锡派”近又流衍为“新南锡派”。“巴黎派”中的耶勒也独树一帜。这一般学者有三个重要的公同点:

(一)他们都着重潜意识现象(the subconscious)。

(二)他们都用观念的“分裂作用”(dissociation of ideas)来解释心理的变态。

(三)他们都应用催眠或暗示为变态心理的治疗法。

美国的普林斯是受过法国派思潮的影响的,所以这三个要点在他的学说中也可以看出。

第二个潮流发源于奥国及瑞士。在奥国的叫做“维也纳派”,

以弗洛伊德为宗；在瑞士的叫做“苏黎世派”，以荣格为宗。阿德勒受学于弗洛伊德，本为“维也纳派”的健将，因为和同门的朋友们闹意见，后来离开自立门户，一般人称之为“个别心理学派”。这几派学者大半都不着重潜意识而着重隐意识，都以为精神病源不在观念分裂而在情与理的冲突。他们大半抛弃暗示和催眠，而应用“心理分析”为变态心理的治疗法。

这两大潮流的派别可列如下表：

（一）注重潜意识者
- 巴黎派——夏柯
- 南锡派——般含
- 耶勒
- 新南锡派——鲍都文
- 英美派——普林斯

（二）注重隐意识者
- 维也纳派——弗洛伊德
- 苏黎世派——荣格
- 个别心理学派——阿德勒

本编按顺序将这几派学说的要点作一简明介绍，偶尔附一点批评。

第二章　巴黎派与南锡派

在近代各国中，研究变态心理的风气以法国为最盛。法国变态心理学在19世纪中有两大派别。一派以巴黎的沙白屈哀医院(La Saipêtrière)为大本营，所以称沙白屈哀派，亦称巴黎派，这派最大的领袖是夏柯(J. M. Charcot)。一派以南锡(Nancy)的大学和医院为中心，所以称南锡派，其最大的领袖为般含(H. Bernheim)。这两派的影响都很大。南锡派后变为新南锡派，现在风行一时的自暗示术即源于此。巴黎派夏柯教了两位青出于蓝的徒弟，一为耶勒(P. Janet)，为现代法国心理学界的泰斗，一为弗洛伊德(S. Freud)，为心理分析术的始祖。

催眠术的略史　巴黎派与南锡派是对敌的。他们争论的焦点为催眠术，所以催眠术可以说是近代变态心理学的催生符。我们最好先略讲催眠术的历史。

通磁术　催眠术(hypnotism)是从动物通磁术(animal magnetism)脱胎来的。通磁术的始祖为18世纪奥国的麦西卯(Mesmer)，所以又称"麦西卯术"(Mesmerism)。麦西卯相信人体中有一种液体，周流全身，其功用颇类似磁气。人之健康就赖这种"动物磁液"(the fluid of animal magnetism)在全体各部分中保持平衡。如果身体中某部分所含磁液过多或过少，结果于是生病。动物磁液可以任意支配，又可以从甲体传到乙体，所以人体中磁液失平衡时，我们可以用通磁术将甲部过多的磁液移到乙部，或从甲体传些磁液给乙体，使各部磁液恢复平衡。平衡既恢复，则病立即痊愈。

麦西卯在巴黎开设一个通磁疗治院，尝奏奇效，所以生意极一时之盛。他怎样实行通磁术呢？疗治院四壁都用帘幕遮起，所以现出很浓厚的神秘色彩。室中央置一大木桶，桶中满盛铁砂，玻璃粉和水，桶盖上穿许多小孔，孔中插着铁棍。就诊的病人都围着木桶站着，各取一铁棍触身体上有病的部分。大家都肃静无哗，室中又充满着凄楚的琴音，仿佛是举行宗教典礼似的。麦西卯于是披着深蓝色的丝袍，持着像魔术家所用的铁棍，以眼光注视病人，绕桶游行一周，顺次用铁棍触病人，用手在病人身上按摩数过。这样一触一摸，他以为磁气就通到病人身上去了。病人经过这番通磁以后，常呈迷狂状态，或发狂笑，或喃喃呓语，或狂舞乱跳。麦西卯称这种迷狂状态（其实就是催眠状态）为“健康转机”（salutary crisis），因为许多病人经过通磁发狂以后，原有的病果然无形消散去了。

通磁术进为催眠术 通磁术何以后来会变为催眠术呢？麦西卯的门徒蒲塞句公爵（Marquis de Puységur）有一次实行通磁术，发见病人在应现“健康转机”时，很安静的睡去，叫他摇他，他都不能醒。过一刻工夫后，他自自然然的爬起，走路谈话做事比平时还要敏捷，可是仍然在熟睡状态中。蒲塞句把这种状态叫做睡行（somnambulism）。病人在睡行时对于蒲塞句所说的话莫不听从。比如蒲塞句告诉他现在很快活，他便自以为快活，告诉他现在是赴宴会，他便郑重其事的和想象的座客作种种周旋。这些经验他在醒后完全忘却，而原有的病也涣然冰释。这件事实显然证明催眠和暗示的可能，虽然蒲塞句还没有拿这两个名词称它。

通磁术盛行以后，社会多视之为神秘，许多人又借以招摇撞骗，所以惹起科学家的仇视。1840年法兰西学院曾通令严禁通磁术，于是往日风靡一世的万宝灵应丹，至是遂为学者噤口所不敢谈了。

白莱德的单念说　但通磁术尽管是荒谬，而睡行状态终待解释。到了19世纪后期，催眠术又惹起学者注意。这个新运动的先驱为英人白莱德(J. Braid)和法人波屈兰(A. Bertrand)。从他们起，通磁术才正式变为催眠术，他们的学说和麦西卯的学说相较，异点在哪里呢？概括的说，麦西卯的解释是生理学的，白莱德和波屈兰的解释是心理学的。麦西卯以为催眠状态(即他所谓"健康转机")是通磁的结果，白莱德等则以为催眠状态是一种心理作用。观念都有变为动作的趋势。念着赛跑时，脚就无意的走动起来，可为明证。通常观念所以不尽变为动作者，由于同时心中有其他相冲突的观念，如果注意力专注于某一观念时，则该观念常实现于动作。在何种情境之下，注意力才专注于一个观念呢？催眠状态便是这种情境之一。所以白莱德说，催眠状态是过度注意(excess of attention)的结果。这个学说通常叫做"单念说"(Monoideism)。近代许多解释催眠的学说，都不过是"单念说"的变相。

白莱德是催眠术史上的最重要的人物，所以催眠术又叫做"白莱德术"(Braidism)。他实行催眠时只叫受催眠者注视一玻璃水瓶塞。这足证明催眠的要务在注意集中，铁棍并非不可少之物，而通磁之说也很无稽。白莱德又是自暗示术的先导者，他尝患筋骨痛，越三日夜不能成眠，有一次自施暗示，入催眠状态中，过九分钟醒来，病即痊愈。

李厄波　白莱德之后，催眠术史上的重要人物为南锡医生李厄波(A. A. Liébeault)。他是南锡派的开山祖，是第一个人正式应用催眠于治疗术的。他的方法很简单,先将病人催眠,然后高声的告诉他,说他所患的病已痊愈。“病愈”一个观念既暗示到病人的心理以后,他醒后便无意的受这观念影响,而病果然消失。李厄波相信观念影响健康,不特在精神病为然,即在器官病也莫不如是。所以他以为肺病、脑病、风寒、牙痛等症都可用暗示医好。这是南锡派的基本信条,后来般含的学说即根据李厄波的治疗法,而新南锡派的自暗示术也是催眠治疗法的变形。

南锡派与巴黎派的争点　南锡派学者研究催眠,偏重其心理的方面,而对催眠状态中的生理变化则不甚注意。巴黎派学者的研究方法则与此适相反,他们专注意催眠状态中的生理变化,以为这是有迹可寻,不似心理的机械之繁复不可捉摸。持这种态度最明显的要推夏柯。夏柯与般含同时,因所用方法不同,所得结果不同,而他们的学说也就互相冲突。这两派的笔墨官司打得很长久,但是争论的要点不外两个:

(一)巴黎派学者都是沙白屈哀医院的精神病医生,平时所催眠的人都是患精神病的人,所以他们把催眠状态看作一种精神病征,以为只有患精神病的人可受催眠。南锡派以为催成的睡眠与寻常天然睡眠无异。他们发见他们所催眠的人中有90%以上都可受催眠,而受催眠者不必患精神病。

(二)巴黎派既以催眠状态为精神病,所以指出几种生理的变化来,说那是催眠状态的特殊病征。夏柯说催眠常呈三种状态,而每个状态都各有其特征。第一为昏迷状态(lethargic state),其特征为四肢松懈,五官麻木,惟筋肉则呈现过度感动性(hyper excitability),例如轻触左腕筋肉,则左腕颤动不休,这种颤动少顷即由左腕传到左肘,由左肘传到右肘,由右肘传到右手。第二为萎靡状态

(cataleptic state),其特征为缺乏筋肉过度感动性,病人肢体完全受催眠者支配,比如把他的手举起,他就永远举起,把他的眼皮张开,他就永远张开。第三为睡行状态(somnambulistic state),其特征为锐敏的暗示感受性,催眠者发任何命令,受催眠者都听命唯谨。夏柯称全具这三种状态的为"大催眠状态"(la grande hypnotisme)。最奇怪的是这三种状态都可以施用手术使他们呈现,例如欲唤起第一状态,可轻闭眼皮;欲唤起第二状态,可将眼皮揭开;欲唤起第三状态,可轻按头顶。总之,巴黎派把催眠状态看作病征,由于精神病者多,由于暗示作用者少。南锡派极力反对此说。在他们看,凡催眠不必尽具这三种状态,而具这三种状态时,也完全由于暗示,与精神病无关,尤其不是施用手术的结果。夏柯所催眠的人都是患精神病者,他们平时看惯了同院的病人在催眠状态中所发的种种生理上的变化,无形中已受了很深的暗示,所以医生用手合眼睫时,病人即预期曾经见过的昏迷状态发生;用手按摩头顶时,病人即预期曾经见过的睡行状态发生。总之,夏柯的受催眠者都是曾经受过催眠训练的人,所以他的实验结果只足证明催眠的要素为暗示,而不能证明催眠为病态。

巴黎派与南锡派争辩颇久。他们究竟谁是谁非呢?现代学者大半都赞同南锡派的主张,只有耶勒还跟着夏柯相信催眠是一种精神病态。

般含的学说 催眠的要素为暗示。它是一种心理作用,与病理无关,催成的睡眠与天然的睡眠,根本并无二致。睡眠中暗示受感力特强,所以观念立即实现于动作。这几点是南锡派的基本信条,而这种信条所根据的实验结果则具载于般含的《暗示治疗术》

一书(Suggestive Therapeutics,1886),这是论催眠术的著作中一部最有趣味的,现在略述其要。

般含的治疗法 般含所用的方法极简单。他首先向受催眠者说明催眠的原理及功效,使他知道催眠有治疗的功用而却与寻常睡眠无异,不是一种神秘的法术。遇必要时他还在受催眠者的面前,将旁人催眠,使他对于催眠不生疑虑或畏惧。受催眠者既看惯了,于是般含向他说:“看着我! 你心里一切都不用想,只专心想着睡眠,你觉得眼皮很沉重了,你的眼睛已疲倦了。你现在打盹了,眼睛湿汪汪的了,你已经看不清楚了。”多数受诊者听过这几句暗示,立即合眼入睡,如果他还不能入睡,般含就复述前数语,并作姿势以助暗示,或者在说完暗示的话时,用命令语气叫他“睡!”催眠的成功秘诀为信仰。受催眠者须有愿受催眠的决心,须以全副身心信托于催眠者,凡有命令,都须服从。受催眠者如果有这种决心和信仰,十有八九都会稍受暗示即可入睡。有时第一次催眠不甚奏效,到第二次、第三次以后,暗示感受力便逐渐增大。唤醒受催眠者也用暗示,例如说:“完了! 醒过来罢。”睡得过熟的人略难唤醒,通常催眠者多用冷水泼面,般含常用吹眼皮法。

催眠的定义 般含发现100人中有95人可受催眠,惟睡眠的程度随人而异。有些人只微睡,虽有暗示感受性,而感觉意识记忆却仍保常态。有些人睡得很熟,四肢五官都麻木不仁,好像一种自动机,一切都任催眠者指使。有些人深入睡行状态,暗示不仅在睡眠中可生效,即睡眠中所受的暗示在醒后也会实现于动作。有些人不必入睡而却现出很强的暗示感受性。hypnotism的定义通常是“催成的睡眠”(induced sleep),所以中文译名为“催眠”。般含以为不入睡者既可受暗示,则上面的定义太窄狭。他的hypnotism

定义是,“增加暗示感受性的特殊心理情境之引起”(the induction of a peculiar psychological condition which increases the receptibility to suggestion)。他举了许多有趣的实例来证明这个定义。

催眠由于暗示的实例　最普通的例是引起麻木的暗示。般含常对受催眠者说:“你已完全没有感觉了,你的全身都麻木了,我刺你,你不觉得,我用亚母尼亚给你闻,你也嗅不出什么。”受这番暗示后,他果然全体麻木。

暗示可用言语,也可用动作。催眠者一举一动,受催眠者常不由自主的模仿。比如催眠者交手,受催眠者亦交手;催眠者踏地,受催眠者亦踏地。最奇怪的是受催眠者有时看不见催眠者的动作,也能照样模仿。比如站在受催眠者背后作揖,他也随而作揖。般含以为这没有什么神秘,因为被催眠时感觉常异常锐敏,看不见的也许听得见。他站在受催眠者背后不做声不做气的做动作,受催眠者并不仿效他。般含以为通磁家就误在没有懂得这个道理。通磁家尝用磁石移转(transfer)麻木症。比如上身患麻木可用磁石转移到下身去,左边患麻木,可用磁石转移到右边去。他们以为病人身中的磁液可随医生的手或铁棍或磁石移转,其实这和上例模仿动作同理,都是暗示的结果。

在催眠状态中,受催眠者可因暗示的影响而生种种幻象(hallucination)。般含给S暗示说,“你醒过来后,须走到你的床前,一位女子提着一篮杨梅来送你,你应该接收下,握手谢谢她,然后把它们吃下。”半点钟后他醒来了,果然走到床前,向乌有先生说:“太太,您好呀!谢谢您!”接着就作握手的姿势。后来那位女子仿佛是去了,他津津有味的吃那幻象的果子,时而揩手揩嘴,时而抛弃果柄,好像实有其事一样。

许多病症都可以用暗示来治疗，般含举过很多的实例，现在择一个来说明：有一个小孩患筋骨痛，手臂不能上举。般含向他暗示说："闭起眼睛去睡，孩子，你已经睡了，尽管好好的睡，待我唤醒你。你睡得很熟了，你觉得很舒畅似的，你的全身都睡着了，你不能动了。"孩子这样被催眠了以后，般含于是把患筋骨痛的手臂举起，用手按着它说："痛已经消去了，你不觉得什么地方痛了，你能够动手臂而不觉得痛了。你醒后再不会觉得痛了，痛不再回来了。"他继此又暗示别一种感觉来代替痛感说，"你觉得手臂有些热。热渐增加了，但是痛是完全去了。"数分钟后，他醒过来，对于催眠经过完全忘记，而筋骨果然不复痛，手臂也可上举。

暗示的观念如何变为动作　以上诸例都足证明催眠的要素为暗示，但暗示的观念何以能变为动作呢？换句话说，由暗示观念到观念实现，其间心理变化为何如呢？

念动的活动　在般含看，变态心理和常态心理其实受同一原理管辖，暗示的反应都是自动机式的(automatic)。所谓自动机式的动作都是一触即发，不受意识支配。这种自动机式的动作在常态心理中也极普通。反射动作如呼吸、循环、营养等等，习惯动作如走路、游泳、吃饭等等，本能动作如喜、怒、爱、恶等等，都是不自知其然而然的，都是自动机式的。吾人在婴儿时期，脑中神经纤维尚未发达，意识既茫茫然，意志更未露萌芽，所发动作如吃乳、握物、啼哭等等都是自动机式的。年事逐渐长大，意识逐渐开发，吾人乃渐能感受教育与习俗的影响，以意识作用控制天然倾向。比如遇见仇人，第一念是要凌辱他，稍加反省，便为礼法观念所阻止。再比如墙孔风声，骤闻疑是有人呜咽，稍加意识作用检察，便知这是幻觉。但是意识作用之来常在天然倾向之后。比如听人说一句话,天然倾向是置信,所以儿童们比较轻于相信别人告诉他的话。意识作用对于天然倾向加以检察,加以纠正,然后才有疑,才有否定。信在疑之先,我们可以取一简例证明。比如猛然告诉一个人说:“你的额上有一只蚊虫”,他立刻会举手去扑。这本是一件日常的经验,而却与暗示催眠同理。暗示催眠也是冲动的信仰,和冲动的反应。吾人对于所见所闻,天然的倾向是置信,所以遇一暗示的观念立即容纳,容纳之后立即使它实现于动作。比如看旁人搔痒,便觉得自己的皮肤也很痒似的;听见跳舞的音乐,腿子便立刻走动仿佛真是去跳舞。心有所念,念即变为动作,这种动作通常叫做“念动的活动”(ideomotor activity)。暗示催眠的反应就是“念动的活动”。在念动的活动中,观念仿佛有一种力,逼得它变为动作。般含尝用两指夹着表链,将表垂在额前,发见表可随观念而移动,比如心里念它左右摆,它便左右摆,心里念它前后摆,它便前后摆,虽然同时并无意要移动手指。

现在我们再回到原来的问题。在催眠中,暗示的观念何以能直变为动作呢?从上段所说的道理看,应有的结论似乎是这样:

在催眠状态中,意识作用不存在,暗示的观念不受其它相冲突的观念节制,所以本其天然的倾向,直变为自动机式的动作。蛙断头后还能发反射动作,用脚抓去皮肤上的酸液。受催眠者的所发反应仿佛类似断头蛙的反射动作。

催眠状态中意识是否存在　这是德宾(P. Despine)的主张。但般含却不以为然。在催眠状态中,意识作用并非完全消灭。般含尝把受催眠者的手指摆在鼻尖上,暗示他说,“你不能把它拿下来了”,受催眠者极力把它拿下,而觉得不可能。观此可知受催眠者还可使行意志。催眠程度深时,醒来固不能记起眠中经过,可是只要预给一个暗示说,“你醒后对于一切经过都须记得”,受催眠者醒后就能把眠中经过描写得一字不差。有时我们并不必脱催眠状态而也可受暗示。这些事实都足证明意识作用在受暗示时仍然存在,然则意识作用何以不如平时能阻止自动机式的动作呢?

在般含看,催眠状态中观念之无意的直变为动作,乃由于“念动的反射的感动性之提高”(exaltation of the ideo-motor reflex excitability)。这话怎样讲呢?我们最好用一比喻,把自动机的这反射动作比逃贼,把意识作用比警察。依德宾的学说咧,我们应该说:“贼逃了,因为警察不在那里。”般含说:“不然,警察还是在那里,但是这一次贼特别敏捷,等到警察来捕他,他早已逃脱了。”

般含的未决问题 般含这种学说究竟还不彻底。他没有告诉我们何以这次贼特别敏捷,在催眠暗示中“念动的反动机械”(ideo-motar reflex mechanism)何以能增加其感动性?般含对于“暗示如何成功?”一个问题仍然没有解决。

“念动的反动”不可能 不仅如此,般含和其他法国学者学说都根据“念动的反动”说,以为观念自身如果没有其他冲突观念障碍,就可本自己的力量实现于动作。他们并没有想到观念自身直接变为动作是不可思议的。近代心理学者大半否认“念动的反动”之可能,以为离开情感与本能,观念是无济于事的。如依此说则法国各派的“暗示”学说须根本动摇。

般含的贡献 虽如此说,般含的贡献究竟不可淹没。他是第一个人证明催眠就是暗示,与磁液无关,与病态也无关。这个证明是南锡派的立脚点,也是新南锡派的出发点。

般含与弗洛伊德 我们尤其不要忘记,般含是弗洛伊德的先生。弗洛伊德虽不是他的继承者,却是他的矫正者。般含常在催眠中发种种号令叫病人在醒后照行。病人醒来照行号令而却忘记他曾经受过号令。般含设法挑问,病人也往往可把催眠中经验逐渐回忆起来。这件事实引起弗洛伊德推论隐意识也不难照样召回到记忆中。所以心理分析法的发生史上般含也应有位置。般含所谓“感受性”,弗洛伊德以为就是“移授”(transference,详后)。病人“移授”其“来比多”潜力于施诊者,所以对于他言听计从。

第三章　新南锡派

库维和鲍都文　新南锡派的首领为库维(E. Coué),他在中年曾就南锡派的首领李厄波学催眠术,所以新旧南锡派是一脉相承的。他曾在南锡开设药店,卖药而并施行催眠。在营业经验中,他发见两件可注意的事实。第一,他所催眠的病人真正入熟睡状态者仅十分之一,而不入熟睡状态者也同样可受暗示。第二,他所卖的药所生效验有时并不由于药性本身而由于病人的心理作用。因此,他断定暗示不必定要催眠,也不必定要有催眠者。他于是抛开催眠术而代以自暗示(autosuggestion)。不数年间,自暗示的功效大著。欧战发生时,就库维请治疗者每年至一万五千人之多。库维是一个实事求是的医生,推行自暗示的方法而却未曾阐明自暗示的学理。阐明自暗示学理的人为鲍都文(C. Baudouin)。他的《暗示与自暗示》一书就是给库维治疗法树一个心理学的基础。

新旧南锡派的分别　新南锡派和旧南锡派在主张上有何分别呢?这两派都着重暗示,而对于暗示的解释则微有不同。概括的说,暗示有两大成分:

(一)施诊者暗示一观念于受诊者,而受诊者接收这个观念于心中。

(二)这个观念在潜意识中实现于动作。

旧南锡派着重第一成分,新南锡派着重第二成分。旧南锡派视施诊者为必要，新南锡派以为人人都可向自己实行暗示。暗示的要点在使观念变为动作，至于谁把这观念引到心里去实无关宏旨；好比栽花意在结果，栽的人为自己也好，为园丁也好，结果总是一样。

因此，鲍都文下暗示的定义，把施者与受者的关系完全丢开，而专论暗示本身的特性。他说，暗示是“观念之潜意识的实现”（the subconscious realisation of an idea）。这话怎样解呢？现在用他所举的制产例说明。某孕妇的临盆期理应在三礼拜以后，邦宥医生（Dr. Bonjour）要用暗示使她提前产育，在礼拜五日给她暗示说：“下礼拜四日午后2时你要睡着，那天夜里你就要临产。我在礼拜五日上午7时来看你。孩子下地要在礼拜五的正午。”到了下礼拜四日午后她果然入睡，礼拜五日孩子果然产出。这些时候，她都在催眠状态中，医生唤醒她时，她把前一礼拜中的事体通忘了，连自己生了孩子，也还不觉得。这事看来虽近于神秘，其实全是暗示作用。她心里先接收医生所暗示的“下礼拜五日生产”一个观念，而这个观念在潜意识中实现了，所以她醒来毫不觉得。一切暗示都可作如是观。

暗示的种类　暗示本都只有一个原理，但施暗示者有时为他人，有时为受暗示者自己，因此暗示可分为他暗示与自暗示两大类。自暗示有时为天然的无意的，有时为有意的，反省的。所以暗示可分类如下表：

1. 天然的（spontaneous）暗示 ⎫
2. 反省的（reflexive）暗示 ⎭ 自暗示
3. 催起的（induced）暗示——他暗示

现在逐层讨论如下：

天然的自暗示　我们在日常生活中常于无意中给自己以暗

示，因其为无意的，所以我们把它忽略过去，现在略举几个实例，便可见出天然的自暗示是极普通的。

摆一块三丈长九寸宽的木板在地面上，个个人都能在木板上走，脚不至于踏地。倘若把这块木板悬在两个塔顶上，不是走惯了的人会走不上几步就跌下了。这就由于天然的自暗示。走悬空的木板时我们无意的自暗示说，“这多么危险，我会跌落下去呀！”这个“跌落”的观念太牢固的占住心头，所以果然实现于动作。做事最好是大着胆子，“如临深渊如履薄冰”的人往往都是踏穿薄冰堕入深渊的。鲍都文根据这种事实定了一条原则说“念某动作，某动作即出现。”（The idea of a movement gives birth to this movement.）

同理，“念某观念，某观念即出现。”比如坐在屋里等着急于晤面的朋友时，心里念着他来时会按铃，因为等得太性急了，他还没有到，我就仿佛听见铃声。再比如深夜行森林中，心中疑鬼疑神似的害怕，看见前面树影，就真以为见着鬼。再比如追忆一个习见的字，心里念着这字已被我忘却了，于是就果然忘却，愈想愈记不起。这都是本来没有某种观念，我姑念其有，它果然就进上心头。

“念某情感，某情感即出现。”心里自以为悲哀苦恼的人十有八九就实在是悲哀苦恼，心里自以为快乐的人十有八九就实在是快乐。初次登台演说的人常预先念着“我向来没有演说过，这次上台要骇怕呀！”登台时他果然心跳腿战，一个字也说不出。打败仗的人看见草木皆兵，愈念着恐惧，愈觉得恐惧。有人说，情感是传染的。所谓传染就是互相暗示。送葬的人岂有个个都是悲从中来，但是心里原来很平淡的人看见人家都带着愁容惨貌，往往也不由自主的觉得悲伤。

许多迷信中都寓有天然的暗示。中国乡里常用符咒医病。患疟疾的人想去疟疾，不是吃画有符咒的鸡子，就是用纸包一文钱丢在路上，以为拾得的就会把疟疾传过去。有时这种方法却也实在见效。这就因为病人无意的自暗示说，“我这样做，病就会痊愈。”瑞士 Vaud 州的民间有一种得疣去疣的方单，与中国去疟的方法也很类似。欲得疣者夜间出外以口沫湿手指，眼睛注视一颗星，同时以湿手指点其他一只手。依法行过数次以后，被点的手上果然会生小疣。Vaud 州的妇女很好做这种玩艺。她们自己得了疣以后，就设法传给别人。传疣的方单也很有趣。患疣者以带束生疣的手，有几个疣便打几个结，然后把带子丢在路上。拾得带子的把带子的结解开，就会把疣传过去。鲍都文以为这是自暗示的一个好例。

中国旧有“胎教”的话，西方也有这种信仰，以为孕妇常念着什么样的孩子，将来就会生那样的孩子。鲍都文引的一个实例就是一种“胎教”的成绩。Artault 在他的《医学记录》(Chronique Médicale)里有这一条：“一个年轻妇人在怀孕第二月中，她丈夫的朋友来访他们。她从前没有见过这人。她见到他的右手食指的怪状，大为惊讶。那个指甲既厚而又弯曲，仿佛像一个狮爪。……以后这个怪指甲便常在她的心中作祟。那位朋友在邻近住了数月，每次他来吃饭，孕妇总是注视他的怪手指，因为她心里很怕她的孩子将来也会生那样怪指甲。她怕得很厉害，所以她丈夫请那位朋友遇着她在面前时都要戴手套。但是不幸那个印象已深刻在胎里了，她的孩子出世时，右手食指也是一个兽爪形，恰和那位朋友的一个模样。”

自暗示的定律　从以上诸实例中鲍都文抽出四条关于天然的自暗示的定律：

(一)注意集中律(the law of concentrated attention)。天然的注

意力所集中的观念常有实现于动作的倾向。例如走悬空的木板时，天然的注意力集中于“跌落”一观念，所以“跌落”果然成为事实。

（二）附加情感律（the law of auxilliary emotion）。天然的注意力常集中于对吾人有利害关系的事物，所以常伴着情感。某观念所伴的情感愈强，则其实现的倾向也愈大。1915 年德国飞机攻巴黎，一个居在五层楼上的瘫妇忽然自己也莫明其妙的走下楼。这也是暗示作用。她本不能行动，但是听见邻近炸弹声时，“逃下楼”的观念异常强烈，而且伴有很强烈的情感，所以她居然能在潜意识中实现逃下楼的动作。

（三）反向努力律（the law of reversed effort）。这是一条最重要的自暗示律。我们最好举例说明。我们夜间失眠，愈想睡而愈不能睡，愈想闭起耳朵，而平时听不见的表声现在比钟声还更响亮。再比如我们初学骑脚踏车，看见前面一块大石头，不觉张皇失措，极力想避开它而结果终于顶头大撞。这都是受反向努力之累。失眠的人先已自暗示“失眠”的观念，以后又努力反攻这个暗示，自己再三说“我要睡眠”，这种有意的努力不但不能反攻原来的暗示，反而能助长他的势力。这种努力所以叫做“反向努力”。

（四）潜意识的意匠经营律（the law of subconscious teleology）。暗示是观念变为动作所经过的工作。这种工作都是在潜意识中进行的，所以自己做时毫不觉得。“目的既经暗示过，潜意识会寻求方法出来实现它。”比如我们要解答一个数学难题，百思不得其解，把它索性抛开去游戏或做他种工作，后来精确的答案会于无意中迸上心头。这就是由于潜意识的意匠经营。

反省的暗示 上文讨论天然的暗示时，我们知道观念可以本其固有力量在潜意识中实现于动作。前面诸例都是无意的暗示。我们也可以用意识来支配暗示，只暗示有利于身心的观念。这种有意的暗示叫做“反省的暗示”，就是新南锡派学者所用的治疗法。通常所谓“自暗示”大半指“反省的暗示”。

反省的暗示和天然的暗示之别　反省的暗示和天然的暗示相较，其根本原理似相同而究有分别。第一，情感是自然流露的，不受意识支配，所以上文所述的“附加情感律”不能应用于反省的暗示。第二，在天然的暗示中，注意集中律与反向努力律可并行不悖，因为这里所谓注意也是天然的，不是有意的努力；但在反省的暗示中这两条定律就不免互相矛盾，因为反省的注意是一种有意的努力，而有意的努力常为反向努力。比如走悬空的木板时，注意如果集中于避免跌落，依注意集中律说，我们应能实现“避免跌落”的观念，可是依反向努力说，我们避免跌落所用的有意的努力适足增长“跌落”的暗示。所以在反省的暗示中我们同时有两个矛盾的暗示，一个暗示是要实现某观念，而另一个暗示却又怕该观念实现。注意愈集中，反向努力的影响愈大，结果总是所得适乖所求。

想象重于意志　因为要免去反向努力，故南锡派学者主张在实行自暗示时，丢开意志而专任想象。比如我们想施行自暗示使夜间可安眠，我们切忌信赖意志，很执拗专横似的向自己说：“我要睡得好，我要努力不去听周围的声音，我要努力不想一切。”这样办，反向努力适足使我们失眠。我们最好的办法是信任想象，虚心静气的躺着，心里想象我今晚会睡得甜蜜蜜的，想象睡的时候肢体是如何轻松，头脑是如何昏迷。闭眼想象几分钟以后，睡自然会来的。依库维说，一切行动，起于意志者少，起于想象者多。古今成大事业的人如凯撒、拿破仑等，一般人都以为他们有过人的意志，其实他们都是极大的想象家。田野鄙夫不会树征服世界的功绩，因为他根本就没曾梦想到穿衣吃饭以外的事。自暗示就是一种增加想象的方法。

在反省的暗示中，意志常与想象冲突，注意集中律常与反向努力律相冲突，所以反省的暗示之最要问题是：暗示的观念何以能一方面有相当强度，以便实现于动作，而另一方面又不须费有意的努力呢？

潜意识的自由涌现 依鲍都文说，此两条件须于注意力弛懈，遏止作用（inhibition）不存在，潜意识自由涌现（outcropping）时求之。注意力在何种情境下才弛懈呢？最普通的是睡眠，其次如沉醉时如幻想时，潜意识不受意识的遏止作用，亦可自由涌现。潜意识自由涌现时，一方面既无反向努力，而另一方面观念又极生动活跃，所以暗示的感受性在这个时候最为强烈。但是在睡眠和沉醉中，意识几完全停顿，我们很难在此时施行有意的自暗示。不得已而思其次，我们最好抓住入睡以前和睡醒以后那一顷刻，因为在这一顷刻中注意力也很弛懈。

凝神 鲍都文以为最适宜于自暗示的心境乃是“凝神”（contention）。“凝神”是一种“不费力的注意”（attention minus effort）。比如我现在写文章，刚起手时许多分心事物纷至沓来，门外的车声，一刻钟以前所接的信，本晚和友人所预定的约会，壁上所挂的画，都有引起我注意的可能。心不能同时有二用，我因为要做文章，于是极力把旁事丢开，把心专用在文章上。这是通常的注意，是要费力的，因为同时心境还被许多其他事物侵越。在“凝神”状态中则不然，此时心境很空灵，精神聚会于一个单独的事物，其他都丝毫没有能力牵动我的心绪，所谓“静听不闻雷霆之声，熟视不睹泰山之形”,就是此时心境。“凝神”状态中注意力一方面可以说是凝聚的(concentrated),因为心中只有一种对象,而另一方面却也可以说是弛懈的(relax),因为旁的事物不惹注意,丝毫不用费力。

安息注意　这种空灵的心境有时是天然的,有时也是养成的。养成的方法在安息注意(immobilisation of attention)。所谓“安息注意”就是“收放心”。注意如何可安息呢?最好的方法就是先把注意力集中于某一事物,久之注意力自然因疲乏而弛懈,不专注于任何事物,而心境于是空灵。乳母要小孩子睡时,常唱很单调的歌,没有变化的摇动他的床,就是要他的注意力疲乏。禅家习静,往往数念珠,或注视鼻端,或念“南无阿弥陀佛”。鲍都文所说的安息注意法,也很类似参禅。以安息注意求心境空灵,使潜意识易于涌现,鲍都文称为“自催眠”(autohypnosis)。行自暗示之先,最好先行自催眠,但眠不宜熟,因为熟睡中自暗示便不能施行。

自暗示　实行自暗示时,所暗示的观念可为特殊的或普遍的,库维在早年颇重视特殊的暗示,比如体质羸弱的人须常自暗示说,“我的体格比从前强干多了”,精神颓唐的人须常自暗示说,“我近来心境实在比较愉快”。总之,有一种特殊的毛病,便对症下药,用一种特殊的暗示。但是库维在晚年发见一切毛病都可以用一个普遍的暗示去治疗,我们最好于每天早晚在睡前或醒后凝神微诵:“在种种方面,我都一天好似一天”(Tous les jour, à tous points de vue, je vais de mieux en mieux)。每次诵十数遍,久而久之,我们自然觉得百病全消,身心俱健。鲍都文也赞成用普遍的暗示,不过以为普遍的暗示可与特殊的暗示并行不悖。我们最好于每日早晚行普遍的暗示以外,遇着某种病发生时可随时随地,练习凝神,用手按摩患病处,微诵着“这病渐渐消去了”(gapasse),最要紧的是一切都要来得自然，不可让自暗示变成一种累人的功课。

他暗示即自暗示 在旧南锡派学者看，一切催眠都是暗示，在新南锡派学者看，一切暗示都是自暗示。旧南锡派重视催眠者与被催眠者关系，以为催眠者把他自己的观念传到被催眠者心里去，所以被催眠者对于催眠者信托愈深，则暗示愈易生效。新南锡派以为暗示的观念起于受暗示者的自己心中，并非可从施暗示者传来，所以他暗示其实仍是自暗示。库维常举下例说明这个道理。他尝暗示S说，窗子右扇有一白衣人影，他自己心里是指窗子右扇之上部，而S则往往在右扇下部见到白衣人形的幻觉，而人形何如，则受暗示者彼此所描写的又各不同。从此可知受暗示者的观念并非从施暗示者传来的。

他暗示之即为自暗示，还有一个理由。暗示如须生效，受暗示者入手就要有愿受暗示的决心，如果他不愿意，或者暗示的观念和他的人格十分冲突，则暗示永不成功。夏柯有一次在公众演讲中将一妇人催眠，她受夏柯的暗示，做出种种离奇举动。比如告诉她说门边站着一个人在侮辱她，给她一把纸刀，她怒气冲天似的走到那子虚乌有的仇人身旁，把他的头斫落。夏柯下课走后，他的学生们要开玩笑，给那位受催眠的妇人一个暗示说："现在房子里只有你一个人了，把衣服脱下来罢！"她听了立刻醒过来，以为他们待她无礼，大生其气。这个例子也可证明受催眠者的胸中也自有权衡，不完全是催眠者手中的玩物。

库维的方法 新南锡派学者注重自暗示，故不主张应用催眠。库维常告诉来请诊的病人说："你来想找人医好你，你可是走错了路。我向来没有医好过人，我只是教人如何自己医好自己。

我已经教过许多人医好自己了，我现在也只是教你自医的方法。我现在所要做的试验是常常成功的，纵然有时看来像是失败。我向来没有说过我的思想可以在你的身上实现，我只说各个人的思想都可以在他自己身上实现。所以如果我叫你想'我这相握着的两只手不能扯开来'，而你偏却又想'我能够扯开来'，你一定就能够把它们扯开来。"库维每逢第一次来学自暗示的人总是用命令的语气向他说："你把两只手紧相握住，心中时时想着'我不能把它们扯开。'我现在要数一、二、三，数到三的时候，你须极力扯开握紧的两只手，但是同时心中仍旧想着'我不能，我不能。'你会觉得你就是下死劲也不能扯开它们。"说完，他就依法实行，受暗示的人总是发见想象扯不开时就不能扯开，但是如果他想象"我能扯开"，两只手立即扯开，丝毫不用费力。这个试验的用意在使受诊者明了自暗示的根本原理：这就是，动作起于想象，不起于意志。行过这番开学典礼以后，库维就叫他们应用"在种种方面我都一天好似一天"和"这病渐渐消去了"两种自暗示的公式。

鲍都文的方法　鲍都文向病人解释自暗示的方法较库维的方法更有趣，但比较复杂。他所用的叫做"薛佛尔氏悬锤"(Chevreul's Pendulum)。这种悬锤很像小钓竿，竿头悬一线，线头悬一光亮沉重的小球。使行此法时先在白纸上画一圆，在圆心 O 上作两条直径垂直相交如下图，次令学自暗示者用手持悬锤竿，使锤恰在圆心 O 之上，告诉他说，"你手莫要动，心里想着 AB 线，专心致志的由 A 点想到 B 点。"学自暗示者想 AB 线时，悬锤即不由人意的朝 AB 的方向摆动。但是如果他改想 CD 线，手

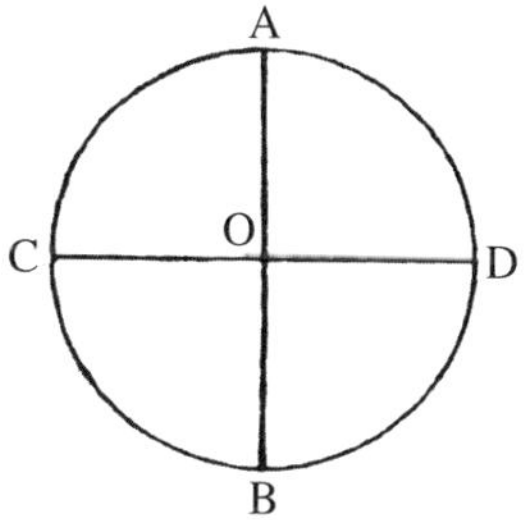

仍然不要动,悬锤也改朝 CD 的方向摆动。这个试验的用意在使学自暗示者明了想象影响动作的能力比意志还要大,所谓自暗示就是利用想象来影响动作。

自暗示的效验 旧南锡派学者发现能受暗示的人在 90% 以上,库维发见能受自暗示的在 97% 以上。这就是说,100 人中不能自暗示的人最多不过三个。库维用自暗示治病,常奏很奇的功效。现举数例以示自暗示应用之广。

南锡 Y 君曾患神经衰弱症,消化不良,夜不安眠,常惧怕自杀,经过许多医生,都不见功效,后来就医于库维实行自暗示,六礼拜后病即痊愈。

一个 30 岁妇人患肺病已到第三期。库维使她实行自暗示,数月后肺病就完全消去。

G 教授患瘖症,每逢说话到十几分钟以后,喉音就断绝了。他请过许多医生诊治无效,库维使他行自暗示,过四天病就痊愈了。

这种例子在库维和鲍都文的著作中极多,看起来很像江湖医生的广告,其实都不是假话。库维到英美演讲,听众中有患风湿症的人学行自暗示,当场就奏奇效,这是许多人所亲眼见过的。

第四章　耶勒

耶勒（Pierre Janet）是现代法国变态心理学界的泰斗。他是夏柯的高足弟子，又在沙白屈哀医院行医多年，论理，他似应隶于巴黎派。但是他在《心病治疗学》中说，巴黎派和南锡派以外，法国变态心理学还另有一派，就是他自己和芮谢（C. Richet）、毕勒（A. Binef）诸人所代表的。这第三派和其余两派的分别何在呢？约略的说，巴黎派和南锡派的研究对象偏重催眠与暗示，而耶勒派学者则研究一切变态心理现象；巴黎派和南锡派的目的在实际治疗，而耶勒派学者的目的则几纯为心理学的，他们要寻出统辖一切变态心理现象的原则。

迷狂症的实例　耶勒的毕生精力，都费在研究迷狂症（hysteria），而他的变态心理学说就根据种种关于迷狂症的事实。

睡行症　迷狂症的病征甚多，耶勒以“睡行”为最普遍。他的医院里曾有一个 32 岁的男子，因为双腿麻木，整天睡在床上。有一天深夜，他忽然很轻便的跳起，抱着枕头开门逃出室外，立刻就爬上屋顶，比平常人还要灵活百倍。他把所抱的枕头看作他的孩子，因为怕他的岳母要残害这孩子，所以抱着他逃上屋顶。但是他醒后双腿依旧麻木，而对于他自己在睡中抱枕头逃上屋顶一幕戏，也完全忘却。

许多迷狂症都是睡行，虽然依照日常语言说，病人并未尝入睡。耶勒所诊治的艾令(Inère)是一个名例。艾令是一个极穷的孤女,母亲患肺病,她一人看护到60昼夜。看护以外,她还要做工谋衣食,因此她疲劳过度,精神失常。她的母亲死了,她还想象她仍然活着,极力扶着她的尸体移上病床去。以后她时常发狂,每次都是复演她母亲临死时一幕情景。她和想象的母亲对谈,时而问,时而答,好像实有其事一样。最后她仿佛和母亲商议自杀,她决计卧在轨道上让火车碾死,立刻间她就想象到车子来了,她伸开手脚卧在地板上,仿佛那就是车轨,瞪着眼睛战战兢兢地等着死。不多时,她猛然放声一叫,好像真被车子碾了似的,躺着一点不动。这幕戏她常常复演,但是每次醒后,她便和常人无异,丝毫不记得发狂时的言动。

迷逃症 此外还有一种“迷逃症”(fugue)也很类似“睡行”。耶勒曾医过一个患迷逃症的R。R的母亲是患精神病的,他自己也不很健全。在13岁时他常去一个水手光顾的酒店。水手们常劝他吃酒,酒醉时,他们常告诉他非洲的故事,在醉中R听见那些光怪离奇的故事,对于非洲不觉心焉向往。但是醒来他对于非洲的故事也就漠不关怀。他在杂货店里当小伙计,平时只求衣食饱暖,决不会梦想到非洲去。但是每逢醉后或疲倦时,他往往不由自主地离家逃走,想走到海边乘船到非洲去。有一次,他逃上一个船上当苦力,工作既苦而又受虐待;而他却很怡然自乐,以为可以到非洲去,不幸该船中途停止,他须得打陆路走到地中海。贫不能自给时,他依附了一个补碗匠。有一天逢8月15日,他的师傅告诉他说,“今天是8月15日,我们应该吃一餐较好的饭呀。”他回答说,“不错呀,8月15日是圣母节!”说完这句话,他忽然醒过来,张目四顾,所见的不是他从前朝夕所看守的杂货店,大为惊讶。补碗匠费尽气力解释他的地位,他毫不相信。像这种病症,耶勒举例甚多。

两重人格 与“迷逃”相类的毛病有“两重人格”(double personality)。“两重人格”例甚多。詹姆斯所举的 Ansel Bourne,普林斯所举的 Beauchamp,以及莎笛斯所举的 Hanna,都是名例。现在我们姑且拿 Felida X 例来说明。Felida X 从 10 岁起,便露种种迷狂病征,因此她很颓丧而又怯懦畏葸,她时常发昏,昏过去几分钟就醒过来,醒后她便另是一个人,很活泼伶俐,很兴高采烈,像一个很康健的女子。但是这种康健时期很短,几点钟以后她又发昏,昏醒了又回到颓丧的状况。所以她有两重人格,一个是颓丧的,一个是快活的,在康健的状况中她记得颓丧的状况,可是在颓丧的状况中她不能记起康健的状况。

诸迷狂症的公同原理:固定观念 耶勒分析上述的几种迷狂病征,以为它们背面都有一个同样的原理:常态和变态交互代替。在变态中,病人呈现两种相矛盾的心理状况。第一,他心中完全为一种“固定观念”(fixed idea)所盘踞,例如把枕头看作孩子,把地板当作车轨。第二,在此“固定观念”以外,他对于一切记忆一切感觉都完全遗忽过去。例如艾令发狂时对于室中人物熟视无睹。在常态中病人也呈现两种相矛盾的心理状况。第一,他恢复日常的记忆和感觉。第二,他把变态中的言动都完全忘记。

遗忘 一言以蔽之,患迷狂症者一方面过度专注,而另一方面又过度遗忘,故应付环境,往往倒行逆施。遗忘并不仅限于病态中的情景,而致病的原由和病前的情感知觉也往往不能追忆。艾令在常态中不仅忘记她发狂时的举动,而她的母亲病中情景也变成依稀隐约了。她说“母亲自然是死了,因为人家都是这样告诉我,我现在见不着她,而且又穿着孝服。但是她为什么死呢?我待她不是很好吗?”医生提起她看护病母时的情景,她也简直莫明其妙似的。耶勒又尝诊过一个19岁的女子。她在发狂中常叫“火呵!贼呵!路删来救我!”醒来医生问她的病由,她说平生既没有遭过火,又没有遇过贼,而路删的名字更漠不相识。但是后来据她的亲属报告,她从前在乡下当女仆,夜间有贼人放火烧她主人的房屋行劫,她被一位名叫路删的救出。那次她受了惊,以后便得了迷狂症。从这个例子看,我们可以见出患迷狂症的人一方面遗忘致病的情景,而另一方面这致病的情景又在心中成了“固定观念”。

分裂作用 这种“遗忘”,心理学上如何解释呢?耶勒派和弗洛伊德派都着重这“遗忘”问题而解释不同。弗洛伊德以压抑作用(repression)解释,后当详论,耶勒则以分裂作用(dissociation)解释。

什么叫做“分裂作用”呢?

法国心理学者素重感觉主义(sensationism),把完整的心理看成由无数感觉砌成的。耶勒也未能脱除这种成见。依他说,吾人的一切经验都在心中留有观念(idea)。比如走路有走路的观念,吾人能记得这个观念,所以能走路;倘若把它遗忘了,双腿便会麻木。其他一切行动,以此类推。吾人心中所有观念甚多,何以不能同时见诸动作呢?因为在健全心理中,诸繁复观念综合成为完整系统,其中各部分须受全体支配。我心中储有“走路”的观念,而此时却在这里用心作文,因为“走路”的观念与我此时用心作文的心理系统不能相容。变态心理之发生,即由于全体心理系统“分裂”开来,而某一观念脱离全体系统而独立,不受其他观念节制,也不能节制其他观念。比如说,我心中“走路”观念分裂独立时,心中就有两种意识,一为在常态中的全体心理系统,即主意识,一为独立的"走路"观念,即潜意识或副意识(subconscious, or secondary consciousness)。这两种意识既分裂,以后便如参商二星,出没不相见。我在常态中记起全体心理系统,便忘却"走路"观念,所以双腿麻木;在变态中,只记得"走路",忘却全体心理系统,所以对于一切都不免措置颠倒。

精神病不是生理的例　耶勒以为一切迷狂症都可以用分裂作用解释。从前医生把许多精神病由都看作生理的。耶勒对于变态心理学最大的贡献就在证明从前医生所认为生理上的毛病其实都是心理上的毛病,都是分裂作用的结果。在上面我们已见过双足麻木的人在睡行症中可以走上屋顶,这是一个显证。我们现在再引几个耶勒所举的例来说明许多病症如瘷癫、麻木、聋哑等等其实都不是生理病而是心理病。

一个19岁的女子看护她的病危的父亲。他临死之前,她曾用右手支持他的气息奄奄的病体。他死了以后,她觉得异常疲倦,她的右半身便逐渐失去了运动和知觉的能力,成了半身不遂。

一个洗机器的男子在工作时被油布溅污了面孔。他用水去洗,但是睫上油污很不容易洗去。他的眼睛并没有污损,可是两点钟以后,他变成青光瞎,过了4年这病才痊愈。

一个40岁的男子居在一个小乡镇上,颇有一点资财。他的妇人劝他移居巴黎,他们住在巴黎旅馆里。有一天他自外回寓,发见他的妇人已卷款潜逃了。他精神上受了大刺激,歇18个月不能说话。后来他虽恢复原状,每逢情感发动或疲倦时,仍然不能说话。

许多人常于无意中发出种种奇怪的动作。有些人移动下颚,有些人嚼手指,有些人常用鼻孔大声喘气,这种动作往往颇有规律,在旁人看来很近于诙谐。耶勒诊过一个16岁的女孩子。她的家庭极穷,有一天听见她的父母叹苦,她很受感动,因而得了迷狂症。在病中她常叫"我须做工,我须做工!"她的职业是做傀儡眼睛。做这件东西时,她须用右手转机器的轮子,用右脚踏机器的踏板。自从得病后,她便常常翻转右腕,将右足时时提起放下,放下又提起,仿佛像她从前做傀儡眼睛一样。

据耶勒说,这些病症都和睡行症同理。某一观念因分裂作用而脱离意识全体,其结果或为遗忘过度,于是有盲哑半身不遂等症;或为专注过度,于是发出种种奇怪动作或姿势,如上例做傀儡眼睛的女孩子。

分裂作用的原因 精神病多起于分裂作用,既如上述。现在我们须问:意识何以会起分裂作用呢?

综合作用的失败 耶勒说,意识的分裂作用起于综合作用之失败。意识经验常极纷纭错杂,起伏无常,其所以翕然就绪形成完整人格者,实赖有综合作用(synthesization)。所谓综合作用者就是拿自我做枢纽,将零乱的心理事实,贯串成一气。比如说,"我觉寒"一个意识经验就是综合作用的结果,其中"觉寒"是一件事,而"我觉寒"又另是一件事。"觉寒"二字所代表者是一件新发生的、很细微的心理事实,"我"字所代表者则为完整人格,其中内容极繁复,举凡我之思想情感习惯及过去经验等等无不包罗在内。在言"我觉寒"时,其意即谓完整人格(我)吸收此新发生的一件细微的心理事实(觉寒)以扩大其内容。耶勒说,"我"是一种很饕餮的生物,好比阿米巴,常伸出触角吸收四围微生物以自肥。

综合作用失败,分裂作用乃因之而起。变态心理好比政治紊乱的国家,握最高权的元首倒塌后,许多强藩都割据偏安起来了。有综合作用乃有完整健全的人格,无综合作用,人格乃分裂为二重或多重。在多重人格中,此重人格上台,则彼重人格退避,彼此不相见所以不相识,不相识所以不能互相影响,互相节制。例如耶勒所诊治的R,开杂货店时想不到来游非洲,去游非洲时也记不起曾开过杂货店。

意识范围的缩小 意识分裂即意识范围之缩小(restriction of consciousness)。健全的人所有一切观念都翕然安于同一意识范围之内(即受同一自我管辖),所以意识范围很大。意识范围兼容并包,每一言一动都受完整人格的控制,所以是有理性的。分裂后的意识好比大家细分的财产,每重人格所有的范围都比原来的缩小。患精神病的女仆幻想自己是皇后,就因为她心中的“皇后”一个观念分立开来,独占一个很狭小的意识范围,不受“女仆”经验中诸观念之控制或纠正。

心理的水平线之降低 意识的综合作用何以会失败呢?耶勒说,综合作用须赖有一种“心力”(psychical energy)维持。在常态心理中,心力很充足,心理上常呈一种紧张状况(tension),维持一种适当高度的水平线,所以精神是凝聚的。“精神凝聚”,换句话说,就是意识保持综合作用。在变态心理中,心力疲竭(exhaustion),所以精神是涣散的。“精神涣散”,换句话说,就是意识呈现分裂现象。用耶勒的术语说,分裂作用起于“心理的水平线之低降”(lowering of mental level)。

心力的消耗 心理的水平线何以会低降呢?换句话说,心力何以疲竭呢？据耶勒说，一切行动都须使用心力。何种反应最费心力，最易产生疲竭，心理学家尚未有充分的研究，所以“心理上的花费”（mental expenditure）还是一笔待清理的账目。概略的说，凡适应一种环境时，如诸事顺遂，则心力不至有过度花费；如环境过于困难，非我们的力量所能胜任，则不免张皇失措，而心力亦不免浪费。最浪费心力的是情感（emotions）。情感之发生，就由于身临一种特殊环境，霎时间不能从容应付，心力无所归宿的泛滥横流，精神乃呈兴奋状态。精神病之发生，所以往往在受强烈刺激，生暴烈情感之后。

受伤记忆 最浪费心力的心理作用除着情感以外，还有“受伤记忆”（traumatic memories）。“受伤记忆”是耶勒派学说和弗洛伊德派学说的接触点，也是他们争论的焦点。耶勒说，“心理分析术”全是由他的“受伤记忆”一个概念产生出来的，所以我们对此问题应详加讨论。

“受伤记忆”耶勒在他的早年著作中称为“潜意识的固定观念”（subconscious fixed ideas），颇类似弗洛伊德所谓“被压抑的欲望”。它是如何发生的呢？这个问题其实还是上文所讨论过的“分裂作用如何发生？”一个问题。耶勒和弗洛伊德都从这个问题出发，不过他们对于分裂作用的原因解释不同。弗洛伊德以为分裂作用起于意识的压抑，其说另详专章。耶勒以为分裂作用起于心理水平线之低降或心力之疲竭，其说亦已详上文。“受伤记忆”是心力疲竭的结果，同时又是心力疲竭的原因。这话怎样解释呢？

环境困难，应付不得其方，心力既虚费，而困难仍未解决。困难未解决的环境仍时时刻刻催促我们谋应付，应付的方法不外三种：

（一）将已尝试而经失败的动作，再从新尝试一遍。

（二）将已尝试而未成功的动作略加改变，这就是采另一种动作。

（三）痛痛快快的摆脱那种环境，简直不再设法去应付。

耶勒以为第三条路须大勇者才有力量去走。一般精神衰弱的人进既不能，退亦不敢，所以谈不到摆脱。第二条路也颇费气力，许多精神衰弱的人大半也是避开。所以剩余的路只有第一条。不适当的动作第一次尝试失败，第二次尝试自然也还是失败。失败之后又失败，对于心力就是浪费之后又浪费，最后自然是精疲力竭。耶勒曾举这样的一个例："我刚接了一封惹痛感的信，不得不回复，而回复却是一件痛苦的事。我想写回信而又没有勇气去写。信摆在桌上，终于没有回复。后来我每逢走进这间屋子或坐在这个桌子旁边，必看到这封信，每看到这封信，必又盘算作复。如果要作复，费 10 分钟也就够了。但是我只能继续的空打盘算，空费许多心力，结果信未复而心力则已疲竭。"

我们再取一个简单的比喻来说，患精神病的人好比扑灯的蛾子，无论是如何失败，总是依旧向火光乱扑。这种屡经失败的动作到最后成为习惯动作，不假思索而自动，不复受意识裁制，不复与其他日常行为相融贯，不复能同化于完整人格。总而言之，它成为一种潜意识的动作。所谓"受伤记忆"就是支配潜意识动作的固定观念。患"受伤记忆"的病人对于他的潜意识动作不能意识到，所以在常态中不能记忆到。睡行、迷逃、多重人格等症都是"受伤记忆"的产品。

耶勒和弗洛伊德　观此我们可知耶勒的"受伤记忆"和弗洛伊德的"被压抑的欲望"有一个重要的相同点。它们同是脱离意识而独立的，同是意识分裂的结果，同是精神病的原因。但是它们决不能混为一物，它们有两个最重要的异点：

（一）论成因，弗洛伊德的根本原理是“压抑”（repression），耶勒的根本原理是“疲竭”（exhaustion）。

（二）论内容，弗洛伊德的“被压抑的欲望”几全关性欲，而耶勒则力反对此说，他以为任何观念都可以形成潜意识。弗洛伊德的隐意识以情感为中心，耶勒的潜意识，以固定观念为中心。

精神病的治疗 精神病起于心力之疲竭，故治疗法须对于疲竭施以预防及救济。耶勒应用经济学原理于心理学，很喜欢用经济学上的术语。适应环境须耗费心力，心力疲竭即“精神破产”。救济破产须根据两条经济学上的原理，第一是“心的节流”（mental economy），第二是“心的裕源”（mental income）。

心的节流：休息治疗 兹先讲“心的节流”。节流的方法甚多，最普通的是休息治疗（rest cure）。提倡休息治疗最力的人为美医密琪尔（Weir Michell，1875）。此法很简单。病人卧在床上，极力停止一切动作，使心力不致多消耗，久之病自然痊愈。行休息治疗的，病人的生活愈简单愈妙。名誉、事业、恋爱、宗教等等缠绕须一齐抛开。他的环境也以单调为是。通常病人亲属每希望病人常有新奇娱乐。耶勒以为新奇娱乐对于病人不但无益而且有害，因为新奇刺激易使心力过度耗费。

隔绝治疗 与休息治疗同理的是“隔绝治疗”（isolation）。精神病之起常由于病人对于他的环境不能妥洽，他不能应付它而又不得不设法应付它，所以易耗心力。比如和不愿意来往的人来往，做不愿意做的事，都很耗费精神。“隔绝治疗”就是把病人从致病的环境里迁到另一种合宜的环境里去。就一种意义言，精神病也可传染。耶勒见过许多结婚的夫妇，在结婚以前只有一人患精神病，结婚以后，两人都患精神病。这全由于和病人相处，是一种困难情境，易于耗费心力。“隔绝治疗”也可以免去这种传染。

清账 还有一种心的节流方法，耶勒称之为“清账”（liquidation）。所谓“清账”就是把成了潜意识的“受伤记忆”召回到意识界来，使病人对于从前致病的环境从新加一番清理，使他明了他的受潜意识支配的动作不能适应该环境，而从新作一个全盘计算，另寻一个出路。“受伤记忆”重入意识阈以后，病人不复复演劳而无功的动作以致消耗精力，所以容易痊愈。这种“清账”治疗很类似弗洛伊德的“心理分析”治疗法。

心的裕源 在心理的经济学上，节流很是一种消极的治疗法。为增加效力起见，我们还要设法扩大心力的来源。精神病起于心力疲竭，倘若在疲竭之后，再灌输些新的心力，则精神病也往往可以消灭。许多精神病人在吃醉酒时常恢复健康心理，就因为酒富于刺激性，易使心力兴奋。在迷信神权的社会里，病人常去神庙“宿坛”“求仙丹”，往往果然痊愈。他们以为这是神的默佑，其实这全是心理作用，一半由于自暗示，一半由于心力因受刺激而增加。中国有一种习惯，遇患病的青年往往让他们早结婚，说是“冲喜”，有时这种方法居然奏效，也因为性欲是最富的心力来源，能够弥补已疲竭的心力。

激动后备力 在耶勒的《心病治疗学》中最重要的心的裕源法为“激动”（excitation）。“激动”的最要原理是“后备力的动员”（the mobilization of reserves）。吾人心力虽易疲竭，而可疲竭的心力则不为所有的心力全体。许多人在平时很懦弱畏葸，但遇大难临头时，其勇敢坚决，往往出人意料。懦夫遇虎，敢越深涧；慈母护儿，不避汤火。这都是在急难时发动“后备力”来应用。这种“后备力”究竟储蓄在什么地方呢？耶勒说，各种本能，各种冲动，各种习惯，都带有一发即动的倾向，而每种倾向都含有潜在的心力，所以倾向就是“后备力”的储蓄所。“后备力”的多寡随倾向的强弱为转移。逃难、寻食、求侣、攻敌诸倾向为人类生存所最需要的，所以它们所储蓄的“后备力”也最丰富。患精神病的人们心力特别易于疲竭，大半就因为无法利用潜在的“后备力”。医生所以宜设法施以适宜的刺激，使他的“后备力”能脱颖而出。刺激方法甚多，耶勒在他的《心病治疗学》中提出宗教仪式、旅行、休假、劳苦工作、冒险、担忧、恋爱等等。

耶勒学说的批评 耶勒为现代法国心理学界的泰斗，不独英美学者多受他的影响，即心理分析派学者如弗洛伊德等也有应感谢他的地方。耶勒自己说他的“受伤记忆”说为后来心理分析的雏形。这固然是心理分析派学者所否认的，但是弗洛伊德早年曾游巴黎，受学于夏柯，和耶勒是先后同门。他在巴黎时，耶勒的著作已起始享盛名，他自然不免受些影响。

耶勒在巴黎精神病院行医数十年，经验极为丰富，所以他的学说句句都有事实做根据。现在弗洛伊德派学者风靡一世，耶勒的威权不免受了若干剥蚀，但是较稳健的心理学者仍然是皈依耶勒。

耶勒学说的弱点 耶勒的心理学自然也有许多弱点，兹举三个最重要的来说说。

（一）耶勒在早年著作中仍未脱离构造派的窠臼，把心理内容看作由感觉砌成的。这种见解已为新心理学所推翻。在晚年著作中他着重“心力”，不复把心看作静止的，总算是想和新思潮合步。但是考其究竟，他的“动的心理学”仍是“静的心理学”之变相。因为据他说，心力潜伏于倾向，而倾向实不过是某刺激生某动作的机械。从这个观点攻击耶勒最力的人要推麦独孤，详见他的《变态心理学大纲》。

（二）耶勒的“固定观念”或“受伤记忆”之说，和南锡派暗示说一样，都假定“念动的活动”（ideo-motor activity）之可能。据“念动的活动”说，我看赛跑时，注意力集中于跑，心中只有“跑”的观念，没有其他冲突的观念，所以“跑”的观念自然而然的实现于动作，我自己也就作起“跑”的姿势来了。这种学说为麦独孤及其他近代心理学者所否认。假若无情感或本能的驱遣，观念自身，决不能一跃而为动作。如果这种批评能成立，则南锡派和巴黎派的心理学都有逃不脱的困难。总而言之，耶勒和南锡派学者都还没有逃出唯理派心理学的窠臼。他们想把“观念”来解释一切，遇到动作、本能、情感诸问题，总不免有隔靴搔痒之弊。

（三）耶勒的两条心病治疗的原理自相矛盾。从“心的节流”说，精神病生于心力疲竭，而心力疲竭则由于过度消耗，所以治疗法须注重休息，减少刺激。而从“心的裕源”说，他又主张医生应刺激潜在的“后备力”使之发泄；这两个原理如何能并行不悖，耶勒似未曾计及。

第五章　弗洛伊德(上篇)

人类思想在各科学问方面都有历史的连续性,弗洛伊德的学说固然带有很浓厚的革命的色彩,但也不能逃此公例。一方面他是叔本华、尼采、哈特曼一线相传的哲学之继承者,而另一方面他又曾就学于夏柯和般含,与法国派心理学者也有很深的因缘。

在前几章讲法国派变态心理学说时,我们已经见过夏柯、耶勒诸人治学都是从精神病入手,尤其是迷狂症。弗洛伊德的学说也是建筑在迷狂症的事实上面。

勃洛尔的"谈疗"　1886 年,弗洛伊德从巴黎游学回维也纳,遇名医勃洛尔(Breuer),藉闻他所诊治的一个很值得研究的迷狂症。患这种病的女子右肘麻木,不能饮水,有时不能言语,眼球运动也失常态。这些病征都是在看护她的病危的父亲时得的。勃洛尔施用催眠疗治,不见功效。她在病中常喃喃呓语,勃洛尔把这种呓语记下,将她再催眠,叫她把呓语中的字句复述无数次,并且把那时候的心中幻想一齐说出。这种幻想大半都是很苦酸的,都是使她生病的悲恸的记忆。她每次把这种幻想说出以后,醒来便复常态。比如她不能饮水一症,就完全是用这个方法医好的。她记得从前最恨她的保姆。有一天她看见她保姆的狗在杯中饮水,她登时就觉得心中发生一种极强烈的嫌恶,因为怕失敬于保姆,所以没有敢表示出来。这件事时常暗中在她心中作祟,虽然只逢精神涣散时或被催眠时她才在呓语中说出。她在催眠时把这段回忆告诉了勃洛尔以后,心中便觉开畅不少,原来不能饮水,现在饮水则完全如常人一样了。其他各种病征也都是用同样方法治愈。

迷狂症的三特点　勃洛尔称此法为“谈疗”(talking cure),但是它在心理学上如何重要,他自己还不甚明了。弗洛伊德一听见,便觉得此中大有道理,所以跟勃洛尔合作。后来他和勃洛尔意见不同,于是独自去研究。从迷狂症和其他精神病的事实看,他觉得有三点值得特别注意:

(一)病人只是不动声色的把与病症有关的记忆说出还不见效。说的时候,他须兴奋热烈,好像从前当境所有的情绪一齐涌上心头一样,病才能痊愈。

(二)病人想把与病症有关的过去经验说出时,常遇着一种“抵抗”(resistence),许多情节都已忘记,想把它们回想起,常觉异常之难,仿佛心中难言的隐衷不但不可告人,而且也不可告诉自己。

(三)精神病征最普遍的是“退向”(regression),病人的记忆常回溯到以前生病时的重要关头。这种重要关头大半发生在成年期或婴儿期,而且大半与性欲有关。

快感原则和现实原则　弗洛伊德的学说就建筑在这三点事实的基础上。在他看来,人类心理有两种系统,而每种系统各受一特殊原则支配。第一系统(primary system)形成于婴儿期,支配之者纯为“快感原则”(pleasure principle),第二系统(secondary system)形成于婴儿期以后,支配之者除着“快感原则”以外又有“现实原则”(reality principle)。第一系统心理的特征是绝对自由。婴儿在道德习惯的观念没有发达时,一切行动都是任性纵欲,毫无忌惮。他只知寻求快感,不问所求快感是否与社会生活相冲突,比如看见味美的糖果,他就老实不客气的抓来大嚼。后来年龄逐渐长大,习俗和教育的影响渐深,他于是发见自然欲望往往与法律道德习惯不相容,发见他自己除着寻求快感以外,同时还要能适应现实,于是知道节制欲望以顾全体面,知道牺牲较近较小的快乐,以求交换得较远较大的幸福。换句话说,他的心理由第一系统变为第二系统,他的行为标准于“快感原则”以外,又加上一个“现实原则”。

性欲本能和自我本能 “快感原则”与“现实原则”自然也有时互相调和,并行不悖。但是它们互相冲突的时候较多,因为“快感原则”以满足自然欲望为归宿,而自然欲望大半是关于性欲的,大半是不道德的。弗洛伊德以为人类本能根本只有两种,其最重要者为性欲本能(sexual instinct),其为用在绵延种族;其次则为自我本能(ego instinct),其为用在保存个体。说笼统一点,性欲本能根据“快感原则”而发展,自我本能根据“现实原则”而发展。性欲本能常驱遣吾人顺着自然冲动寻求肉体需要的满足。自我本能则驱遣吾人实现“自我理想”(ego-ideal)。所谓“自我理想”就是习俗教育的产物,是以“现实原则”为基础的。

性欲的意义:来比多 着重性欲是弗洛伊德心理学的最大特色。他以为自然欲望大半是性欲或是性欲的变相。“性欲”二字在他的心理学中意义甚广,例如孝慈都被看作性欲,虐待弱小虔敬神明都是性欲的变相。一般人以为性欲须到一定年龄才发现,弗洛伊德以为婴儿就有性欲。比如婴儿好吸乳,喜人摸弄,喜裸体,喜探问窥察,都是性欲的表现。性欲不仅与生殖器官有密切关系,身体各部大半都可惹起性欲。性欲有极大力量,常在驱遣吾人而吾人不能抵御。这种性欲后的冲动力,弗洛伊德称之为“来比多”(libido)。

冲突和压抑 因为自然欲望大半关于性欲而为社会所嫉视的,所以“快感原则”常与“现实原则”相冲突,而人心乃变为欲望和习俗的激战场。抑制欲望以迁就社会自然是一件苦痛的事。不过社会裁制力太强,而保存自我的冲动又不容我轻为欲望牺牲,结果往往是欲望让步。心理状况中于是有所谓“压抑”(repression)。“压抑”是弗洛伊德学说的精髓,我们须得懂透。

观念与情调 被“压抑者”为与现实要求相冲突的欲望。欲望可分析为两个成分,一为观念(idea),一为附丽此观念之“情调”(affect,or feeling-tone)。比如接吻的欲望,一方面含有一个接吻的意象或观念,而另一方面又含有伴着接吻观念的情感。观念是意识所能察觉的,而情调是意识所不能完全察觉的。欲望被“压抑”时,这两个成分都同时被压抑而结果则不必同。观念被“压抑”就是被排出于意识阈,被拘囚于隐意识(the unconscious),而成固定观念(fixed idea),情调被“压抑”,有时完全消灭,有时变为异质情调,有时附丽在旁一种观念上去。例如做恶梦(anxiety dream)的和患神经病的人,其被压抑的情调在未压抑以前是快感,在压抑以后乃变质而为痛感,虐待弱小动物的人,其情调是由性欲情调经压抑而转移过来的。

情意综 被压抑的欲望通常虽不能闯进意识境内,而其活动力则反比在意识境内有增无减,比如婴儿的对于自己母亲发生性爱,后来他知道这种性爱与道德习惯相冲突,勉强把它压抑到隐意识界去。照表面看,他似已把原有念头完全丢开了,其实这念头在暗地里还比从前更热烈。从前它是浮游的,现在却经过固定作用(fixation)而形成一种“情意综”(complex),“情意综”是欲望的观念和情调在被压抑以后积结而成的。它的种类很多,最重要的是“俄狄浦斯情意综”(Oedipus complex)。俄狄浦斯是古希腊时一个王子,曾于无意中杀父娶母,所谓“俄狄浦斯情意综”就是儿子对于母亲的性爱经过压抑而在隐意识中积结成的。女儿对父亲的性爱被压抑以后则成“厄勒克特拉情意综”(Electra complex)。厄勒克特拉是古希腊时一个公主,她的父亲被母亲杀了,她于是怂恿兄弟报父仇,把母亲杀了。情意综是许多精神病的病由。

无意识、潜意识、前意识、隐意识的分别 德文 unbewussten,英文 unconscious 通常译为“无意识”。原来这个字在心理学上有两个意义:(一)暂时不在意识境界的心理构造和机能,(二)通常不能回到意识境界的心理构造和机能。第二义本包括在第一义之中,而却不可与第一义相混。第一义可译为“无意识”,而第二义则译为“隐意识”较为精确。比如反射动作和习惯动作大半是“无意识”作用而非“隐意识”作用,做梦大半是隐意识作用,若称为“无意识”则不免混糊。“无意识”的范围比“隐意识”大。非“隐意识”的“无意识”,弗洛伊德称为“前意识”(preconscious),即通常容易召回的记忆。法国派心理学者所谓“潜意识”或“下意识”(subconscious)则用得很含混。它是“固定观念”所形成的系统,为精神病原所在,所以近于弗洛伊德的“隐意识”,但是它并不一定是不能召回的记忆,例如两重人格的两重记忆常自由交替现于意识界,所以它又近于弗洛伊德的“前意识”。

意　识
前意识 (通常记忆)
隐意识 (被压抑欲望)

弗洛伊德的心理构造观可用左图表示:

意识中的观念自由遗忘而可以意志召回者为前意识,意识中的观念乃勉强压下而不易任意召回者为隐意识。

检察作用 隐意识所以不易召回于意识界者,因为意识有一种“检察作用”(censor)。隐意识是欲望的逋逃薮,而意识则为道德法律功利等观念所支配。隐意识根据“快感原则”而活动,意识则根据“现实原则”而活动。它们好像处对敌地位,一在门里,一在门外。门外的隐意识时常觊觎机会,图破门而入;而门内的意识则施行其检察作用,时时把门守住,不让被压抑的不道德的观念闯进来,以扰乱意境安宁。

梦的隐义和显相 在心理健全时,意识的检察作用常比“来比多”的力量大,所以隐意识只好困守在自家园地以内活动。但是在睡眠中,意识的检察作用疏懈,隐意识闯入意域,结果于是生梦。从前一般心理学者大半以为梦纯是机会造成的幻觉。弗洛伊德在他的最重要的大著《梦的解释》(The Interpretation of Dreams)中根本推翻此说。在他看,“心理界和物理界一样,无所谓机会”,梦也不是偶然的;它实在都是欲望的满足(wish-fulfilment)。绝粮的探险家常梦赴宴,晚餐食盐分过多的食品者常梦饮清凉散,婴儿日间在衣铺里走过,夜间便梦穿华丽的衣服,这都是欲望满足的明证。但是非难者会插嘴问道,“我们许多的梦是很凶恶的。据韦德(Sarah Weed)和海兰(Florence Hallam)的研究,梦有58%是带有痛感成分的,而真正甜蜜的梦只有28%有余,我们何以能说梦都是欲望满足呢?”

弗洛伊德说,这种攻击的理由是不能成立的。我们醒时所记得的梦并非梦的真相,乃是梦的假面具。“梦的隐义”(latent dream thoughts)与“梦的显相”(manifest dream content)须分别清楚,“隐义”是假面具所掩盖的欲望,“显相”是假面具。做梦好比制谜;显相是谜面,隐义是谜底,显相虽是离奇零乱,而隐义则有因果线索可寻。要明了梦的象征(symbolism),最好取一实例来说明。某著名美术家姿容很美,而为人也很和蔼可亲,所以许多妇女都爱他。他的16岁的儿子有一次做这样的一个梦:"房子里有许多孔,父亲要把它们一齐塞起,我实在很替他担忧。"心理分析者问:"你何以要替他担忧呢?"他答道:"父亲想一个人去塞,其实我很可以帮忙。而且以他那样大美术家来干这塞壁孔的事也不很适宜。"据心理分析者的研究,这个梦完全是性欲满足的象征。他看见父亲专享许多妇人的爱,心中不免妒忌,墙孔是雌性的象征,妒父亲的艳福是梦的"隐义",忧父亲独塞墙孔是梦的"显相"。弗洛伊德以为欲望大半与性欲有关,所以他把许多梦中意象都看作生殖器的符号,例如数目中的三及杖、伞、树、刀、枪等等长形物都是雄性生殖器的象征,房屋、瓶、船、橱以及一切空洞可容物的东西都是雌性的象征,飞行、种植、上楼梯种种动作是交媾的象征。

象征的必要　梦何以要化装,要用象征呢?象征的用意在逃免意识的检察作用,意识检察在睡眠中虽较疏懈,然亦非完全失去防范力,若欲望赤裸裸的冲进意阈,它的不道德的意味或能惊醒意识的检察作用,所以须化装。如依此说,则梦为保护睡眠的。睡眠之可能,就由于意识不被惊醒;而意识不被惊醒,则由梦的原有丑态被符号掩住。

梦的工作　化装就是梦的工作(dream work),它有几种步骤:(一)"凝缩"(condensation)。梦中一种符号常可以代表很繁杂的意义。例如弗洛伊德自己曾梦写文章讨论一种植物,据分析的结果,"植物"一个观念代表gardener(意为园丁)教授及其美妇人,又代表他所诊治的病人名叫Flora(花)者,又代表他的妻子所爱的花。(二)"换价"(displacement of value)。在"隐义"中最重要的关键在“显相”中常极微细；在“隐义”中最微细的在“显相”中常极重要。要说明这个道理，须得取较长的梦做例：但是我们可取一件日常经验来代替。比如已走出主人家的门了，又跑回去，用意在再看他的女人一面，而借口则为忘带手杖，拿手杖是一件细事而却代替一个很热烈的念头。梦中的情景往往类此。（三）“表演”（dramatization）。抽象的意义在梦中常借很具体的很生动的事实来表演。例如女子梦为马所践踏。其实是代表顺从男子的性的要求。（四）“润饰”（secondary elaboration）。以显相表演隐义，隐义的化装只是一种材料，梦的工作把这材料加以整理措置，使已颠倒错乱者愈加颠倒错乱，以免意识的检察作用来干涉。

日常变态心理　意识的检察作用不仅在梦中疏懈，在白天我们稍不当心时，隐意识中的欲望也常得机会窜去，其结果为遗忘（forgetting）与错误（errors）种种现象。弗洛伊德在《日常变态心理》一书中说得极详细。

遗忘和错误　我们所遗忘的都是我们所不乐于追忆的。弗洛伊德说他自己对于不出钱的病人大约总是易于忘记。琼斯（E. Jones）抽烟过度时，常记不起把烟斗放在什么地方，过几天后，它总是在很偏僻的地方寻出，这也是隐意识在无形中阻止他抽烟过度。医生的隐意识中常有病人迟愈的希望，所以常无意的向病人说，“我希望你在几天以内不能起床”（他本来是要说“就能起床”的）。有一位著名的政治家有一夜做主席宣布开会，他站起来就说，“我宣布闭会”，这是因为他疲倦过度，隐意识中有“闭会”的希望。一位男主顾请店伙指他到某货物部的路，那位店伙正在注意看一个很标致的女子，匆忙的回转头答道：“打这条路去，太太！”他的隐意识中有和那位“太太”说话的希望。有一位女子新结婚，接到一位女友的贺信，收尾说“I hope you are well and unhappy”（“我希望你康健而且不快乐。”）。原来这位女友早先是想和她自己的新郎结婚的，所以隐意识中还怀着仇恨。

前定主义 从以上诸例看，我们可知一般所谓“无心之失”，其实都是有心之失，通常所谓“偶然”的，其实都是前定的。弗洛伊德是一个主张极端前定主义（determinism）的，以为心理上每有一果必有一因，没有一件事是偶然的。比如我们无意中想一个数目，在无数的数目中独择此数目，也有一个道理。弗洛伊德有一次写信给朋友说：“《梦的解释》已经校勘，就有 2467 个错误，我也不去改了。”这里 2467 一个数好像是在高兴时信手拈来以表示“许多”一个意义的。但是他何以不择旁的数目而取 2467 呢？据他自己分析的结果，它原是这样的想起的。写信前他曾在报上见到 E. M. 将军退休的消息。他在少年曾有意跟这位将军做事，现在和他的夫人谈起，她回答说：“那么，你自己也应该退休了。”在写信时他还在想这段说话，他在 24 岁隶 E. M. 将军部下时因在陆军监狱的情形忽然浮上心头，这是 2467 中之 24 所由来，后半 67 为 24 与 43 之和。弗洛伊德那年正是 43 岁，他想起 67，因为隐意识中有再过 24 年才退休的希望。弗洛伊德以为一切心理状况和一举一动都是如此“前定”的，只要细心分析，都可寻出线索来。

诙谐 不特遗忘与错误，即诙谐（wit）也可用意识解释。弗洛伊德在《诙谐和隐意识的关系》一书里对于诙谐心理讨论得极有趣味，个个人都欢喜说笑话，都欢喜听笑话。笑话中固然有些是“不虐之谑”（harmless wit），专求在字面取巧博笑，言者并不必存有恶意;可是大部分笑话都是“倾向诙谐”(tendency wit)。什么叫做“倾向诙谐”呢?人们先天都有淫猥的倾向,满足淫猥倾向的诙谐就是倾向诙谐之一种,淫猥的诙谐都是针对异性者而发,其用意则挑动性欲。某富豪垂涎于某女戏角,用尽方法去捧场献媚,她老实的告诉他说,她的心已经给别一个男子了。他回答说,“马丹,我的希望并没有那样高!”这个诙谐就带有淫猥的意味。

倾向诙谐的例 人们都有凌辱他人的倾向,满足这样倾向的诙谐也很普通。一位与卢梭同名的少年经朋友介绍见了巴黎一个贵妇,他的头发很红而举止也很笨,她向介绍人说:“你介绍给我的并不是一位卢梭(Rousseau),乃是一位“卢”而“梭”(roux et sot,音为卢而梭,意为红而笨)的少年。”这就微含有凌辱之意。美国释奴运动家菲利普斯(W. Phillips)有一次被一位牧师问:“先生不是救济黑奴的么?何不一直就南美去宣传呢?”菲利普斯回问道:“先生不是救济灵魂的么?何不一直到地狱里去呢?”

某著名诙谐家向一位同车的客人说,“你的面貌太像我了,你的母亲在我家里住过罢!”那人回答道:“不,我的父亲在你家里住过。”

美国有两个以横财起家的富商,想冒充风雅,开了一个美术馆,把他们自己的画像悬在中间,请著名批评家来鉴赏,批评家仿佛在两像中间空白处有所寻觅似的,回头问道,“耶稣到什么地方去了?”(耶稣上十字架时,旁有两贼同时就刑。)

诙谐何以引起快感 这都是“倾向诙谐”的实例,意含凌辱,所以谑而近于虐。我们对于这种谑而近于虐的隽语何以特别欢喜说欢喜听呢?

心力的节省 依弗洛伊德说,诙谐所生的快感,一言以蔽之,是由于“压抑所需消耗的心力之节省”（economy in the psychic expenditure in repressions）。这话怎样讲呢？第一，我们须明了快感大半生于心力之节省。比如先用煤油灯，后来改用电灯，最初那几天心中常觉有一种快感，就因为用煤油灯很费手续，用电灯只须开闭机关。就用力说，电灯是一种节省，凡是隽语都须特别简短，因为简短，心力的消耗才可节省一些。比利时前皇本名 Leopold，因为钟情于巴黎舞女 Cles，就被人给诨号为 Clespold，我们听了这个诙谐的名字，不由自主的发生快感，就是由于心力的节省。

这是只就诙谐的技术（technique）而说。专言技术，诙谐在字面取巧，已足使人生快感。这种快感可称“游戏快感”（play-pleasure）。我们在上面见过，诙谐本起于自然倾向，倾向能实现，应该于游戏快感以外，又加上一层快感，但是自然倾向大半是与社会需要相冲突的，所以大半不能直接实现。比如我们生而有凌辱敌人的倾向，可是真正碰到敌人时，自然倾向虽是要凌辱，而同时礼貌的观念则从旁告诉我这种凌辱未免有伤大雅。结果自然的冲动不得不受压抑。这种压抑的维持须得消费心力。

在诙谐中我们采用一种取巧的办法。将凌辱所用的言语或动作出之以诙谐，使一方面能满足自然倾向，而另一方面又避免自然倾向所引起的压抑，不至贻失礼之讥。换句话说，诙谐是在笑里藏刀，刀所以泄忿，而笑则所以欺瞒社会。所以诙谐所生的快感是双料的，一方面它自身可以文字的巧妙产生上文所谓“游戏快感”，而另一方面它又有满足自然倾向所得的快感。

但是诙谐中快感之最大本源还别有所在。自然倾向原来被压抑作用止住，而压抑须费心力，在诙谐中压抑为“游戏快感”所战胜，于是退处于无形，而原来压抑所用心力也完全可以节省去。

这种心力的节省就是诙谐的快感之最大源泉。弗洛伊德称此种快感为“免除快感”(removal-pleasure),因为它是从免除压抑所得来的。

笑　压抑免除,被节省的心力乃得自由涣散发泄,其结果为笑,发诙谐者自己大半不笑,而笑的都是闻者。这是什么缘故呢?依弗洛伊德说,发诙谐者须费力免除压抑,而闻者则不但节省“压抑”所费的心力,还可以节省“免除压抑”所费的心力,所以瞬息间有很多的心力爆发出来,见于狂笑。发诙谐者和闻者的心力发泄不同,还可以用一比喻来说,发诙谐者其心力发泄好比钟的弹簧是逐渐展开来的,所以只发丁当丁当的声响;闻者的心力之发泄好比弹炮机经过触动,来势甚猛,所以轰然一声的爆裂出来。

文艺与升华作用　与梦和诙谐相近的为文艺,也是隐意识的产品。“来比多”的潜力不一定要生灾作祟,也可以开导到有益的途径上去,好比停蓄的水,“决诸东方则东流,决诸西方则西流”,例如嗜好美容的人可以练成图画家或雕刻家,不一定要去宿娼捧角。“来比多”的潜力所以停蓄,是因为它所走的道路与法律道德习俗相冲突。但是此外也还有别路可走,如果一方面能发泄潜力而另一方面又可满足社会的要求,那不是一举两得吗?文艺就是这样的一条新路。许多大艺术家都是在无形中受“来比多”的潜力驱遣。本来这种潜力是鼓动低等欲望(大半是性欲)的,而现在却移来鼓动高尚情绪,这种作用弗洛伊德称之为“升华”(sublimation)。“升华”作用把隐意识引导到文艺上去发泄,好比把横行的劫盗训练为有纪律的军队。

缺陷的弥补　凡是文艺都是一种“弥补”(compensation),实际生活上有缺陷，于是在想象中求弥补。各时代、各民族、各作者的所感缺陷不同，所以弥补所取的方法和形式也不一致，最早的文艺要算神话（myths），而神话就是民族的梦，就是全社会的公同欲望之表现。在原始时代，人类常为毒蛇猛兽所苦，所以希腊神话中有气力无比的海格立斯，遇任何怪物，他都能战胜。许多民族的神话上的英雄都是有母无父，姜嫄履大人迹而生周太公，孔子之母祷于尼丘而生孔子，这是中国的著例。在弗洛伊德派学者看，这都是由于原始人类的"俄狄浦斯情意综"，大家都暗地和自己的母亲发生性爱，所以把父亲推到"无何有之乡"里去。近代文学中性欲的象征尤其显然。莎士比亚失恋于玛利·菲东（Mary Fitton），于是创出莪菲丽雅（Ophehlia）一个角色；屠格涅夫迷恋一个很庸俗的歌女，在他的小说中创出许多恋爱革命家的有理想有热情的女子。诸如此例，作者都是超脱现实的缺陷而自造一种幻想世界以求安慰情感。

第六章　弗洛伊德（下篇）

神经病和精神病　弗洛伊德的隐意识说应用极广，但是他的主要目的在治疗心理病。心理病有两大类，第一类为神经病（neuroses），其病征与生理有连带的关系；第二类为精神病（psychoses），其病征完全是心理的。如依弗洛伊德这两大类又可分类如下表：

- 心理病
  - 神经病
    - 真正神经病（actual neuroses）
      - 神经衰痿症（neurasthenia）
      - 焦惧神经症（anxiety-neuroses）
    - 精神神经病（psycho-neuroses）
      - 转移迷狂症（conversion-hysteria）
      - 焦惧迷狂症（anxiety-hysteria）
      - 迫促迷狂症（obsession or convulsive hysteria）
  - 精神病
    - 童　癫（dementia praecox）
    - 兴奋颓唐癫（manic-depressive）
    - 幻觉癫（paranoia）

弗洛伊德对于这些病症都曾致力研究，不过他的毕生精力大半费在精神神经病方面，而他的学说亦由此出发。（在这一点说，他很像耶勒,因为耶勒也是从迷狂症入手研究变态心理的。)所以我们在本文只介绍他对于迷狂症的贡献,而对于其他各种病症姑略而不论。

精神衰瘘症的成因 精神神经病亦称精神衰瘘症(psychasthenia),这类所包含的各种迷狂症,病由都在"来比多"与自我理想冲突而不得解决,其演化次第可分三步:

(一)婴儿时期"来比多"之固结(infantile fixation of the libido)。婴儿生下来就有性的冲动。他的最初的性爱对象为己体,次为父母兄弟姐妹,最后才为非亲属的异性。自淫、同性爱、亲属爱种种性的"反常"(perversion)都是儿童的自然冲动所酿成的。这些"反常"不为社会所容许,于是被压抑到隐意识里去成情意综。最普通的情意综是"俄狄浦斯情意综",即子对于母的性爱,隐意识好比冲积层,"俄狄浦斯情意综"是隐意识的基层。

(二)压抑(repression)。成人时期性欲发展已成熟,如环境适宜,性的生活依着常轨进行,没有违反自然要求,也没有破坏道德习惯,则精神必能健全,但是处特殊情境之下,性的冲动或不能和自我理想相调剂,例如性爱对象为亲属,或发生道德法律所不容许的婚姻关系,其结果于是有压抑作用。

(三)退向或还原(regression)。但是性欲冲动常不甘受压抑,于是设法寻间接的满足,上述梦及升华作用都是性欲寻求间接满足的著例。"退向"也是一种间接满足性欲的办法。所谓"退向"就是成人时期的被压抑的"来比多"潜力"退向"而归附婴儿时期的固结(fixations),就是以婴儿应付性的需要的方法,来解决成年时期的性欲难题。婴儿应付性的需要的方法自然为成人意识所不容,于是走纡回的道路,不让自我看破它的真面孔,其结果乃有种种迷狂病征(symptoms)。

一言以蔽之,迷狂症都是性欲病,其为用与梦无异,病征好比梦的显相,是一种假面具,背面藏有不甚喜欢的性欲经验。这个道理最好取各种迷狂病征来说明。

转移迷狂症　精神神经病最普通的是“转移迷狂症”。所谓“转移”(conversion)就是把淤积的“来比多”潜力转移到身体某器官上去以酿成器官机能的残废。一位开帽店的妇人在幼时经过许多性欲上的感伤,酿成不肯接近男子的毛病。但是她的丈夫常看见她在梦中手淫,醒后告诉她,她每不相信。他于是和店中女仆发生暧昧关系。旁人劝她辞退那女仆,她心中虽存妒忌,而却不肯将女仆辞退,一则因为不肯相信丈夫对她不忠实,一则因为不忍使那个穷无所依的女仆失业。有一天她与丈夫为别的事相争,丈夫握住她的右肘,以后她的右肘就由痛而变为麻木。右肘麻木是她的迷狂症中一个最显著的病征。依弗洛伊德说,这个病征是两重性的冲突之结果,第一,她的潜意识的手淫的冲动和羞恶之心相冲突;第二,她妒忌女仆的潜意识和对于丈夫的信仰相冲突,这两重冲突不得适当解决,性欲的潜力于是“转移”到身体器官上去,致右肘麻木。“右肘麻木”仿佛是一种调和办法,因为一方面她既不复能在梦中手淫,而另一方面她须停止营业,因而可辞退所妒忌的女仆。换句话说,“右肘麻木”一个病征藏有两个关于性的欲望,一个是停止手淫,一个是辞退女仆。

焦惧迷狂症　“焦惧迷狂症”与转移迷狂症成因相似,而病征不同。转移迷狂症的病征出器官机能残废,而焦惧迷狂症的病征则为很奇怪的焦惧(anxiety, or phobia)。有些病人怕见红颜色,有些病人怕独自在街上走路,有些病人怕结婚或是怕遇见异性者,依弗洛伊德看来，这些“焦惧”背后都藏有性的感伤。

迫促迷狂症 上列两种迷狂症在女子中最为普通，在男子中最普通的是“迫促迷狂症”，虽然女子患迫促迷狂症者也不乏其人。弗洛伊德称“迫促迷狂症”为“变相的自咎”（transformed self-reproach），患此症者大半在幼时做有亏心的事，现在一方面自咎，而同时又想将它遗忘。这两种心理作用是互相冲突的，既存心自咎就难得遗忘，既存心遗忘就难得自咎，冲突之结果乃为迫促迷狂病征，这个病征是一种调和的办法，病人一方面将亏心事遗忘，而一方面又依旧能自咎，不过这种自咎是变相的，和做梦一样，是带着假面具的。迫促迷狂症在西文中又名 obsession，这字含有“作祟”的意义。患此症者常为一种荒唐无稽的观念或漫无意义的行动所祟。比如有一种病人常作洗手姿势（例如莎士比亚的戏剧中麦克白夫人），他自己知道这是很无意义，可是他不能自制，仿佛有一种力量“迫促”他似的。但是这种动作实在并非漫无意义，比如麦克白夫人常作洗手姿势，其实因自咎她曾怂恿丈夫暗杀国王，洗手所以除去血污。这种迷狂的病根往往伏于幼时，而且大半与性欲有关。有一位已结婚的女子常为一个锅子的观念所祟，她仿佛觉得如果不把这个锅子移去，她便不能在那屋里居住，原来这个锅子是她的丈夫从维也纳 Stag 街买来的，而她在幼时曾和一位名叫 Stag 的男子发生过现在不愿回想的关系，怕见锅子一个病征有两种功用，一个是暗地自咎往事，一个是要遗忘它。

模棱情感 迫促迷狂症在弗洛伊德心理学中特别重要，因为根据这个病症，他建设一个很重要的学说，这就是“模棱情感”（ambivolency）说。通常学者把爱（love）和憎（hate）看作水火不相容的两种情感。弗洛伊德以为不然,凡是情感都是模棱两可的,爱之中隐寓有憎,憎之中也隐寓有爱。这个道理在迫促迷狂症中最易见出。有一个病人患“惧触症”(touching phobia),心中常存怕人触他的观念,原来他在幼时常好以手触生殖器,后来被父母禁止,知道触是可羞恶的举动,勉强把它戒去,但是这个观念还在隐意识中作祟,所以酿成惧触症。依弗洛伊德说,他对于触有模棱情感,在隐意识中是爱,在意识中是憎,爱者以其可满足幼稚的性欲,憎者以其在社会眼光中迹近淫亵。

弗洛伊德的门徒司徒克尔(Stekel)称模棱情感为“双极”(bipolarity)。“双极”说颇类似哲学上“相反者之同一”(identity of opposites)说(黑格尔言之极详),在心理学上应用极广。在生物中,生活欲与死灭欲是并存的;男性之中寓有女性,女性之中寓有男性;快感之中寓有痛感,痛感之中寓有快感。这都是“双极”的著例。“双极”在语言学中也可见出,在古代语言中往往一个字表示相反的两个意义。在古埃及文中,“光”与“暗”是一个字,在中文中,“乱”字兼含“治”的意义(如“予有乱臣十人”),“反”字兼含“复”的意义(如“居今之世,反古之道”),这都是语言上的“双极”。

图腾与特怖　在《图腾与特怖》(Totem and Taboo)中,弗洛伊德以“特怖”(意谓“族禁”)比“迫促迷狂症”,以为宗教和道德的起源都可以用模棱情感说来解释;换句话说,他以为研究个人心理所得的原理可推用于群众心理。

在非洲、澳洲及南美洲诸未开化民族中,社会大半尚保留图腾制。“图腾”是代表一大部落或宗族的符号,这种符号大半就是该部落或宗族所尊为神圣的鸟兽或其他物件。例如袋鼠图腾即尊袋鼠为神圣,同一图腾的各份子都用袋鼠做符号。“图腾”都有“特怖”,即全图腾所视为不可侵犯的厉禁。最普通的“特怖”有两个:(一)同隶于一图腾者不得互相通婚,(二)各份子不得宰食其图腾所尊奉的动物。犯这条厉禁者往往被图腾处以极刑。

这种制度的起源何在,向来社会学家如 Wundt, Andrew Lang, Frazer, S. Reinach, Spencer 诸人解说各各不同。弗洛伊德以为这两种“特怖”都起源于“俄狄浦斯情意综”,都与“迫促迷狂症”相类似,都可以用模棱情感说来解释。

先说亲属不通婚的“特怖”。野蛮民族所悬之厉禁到现在各文明国家还不敢轻犯。这一点可以证明两件事实。第一,和亲属通婚是人类极强烈的一种欲望,须有厉禁才可以禁止,这与婴儿把自己的父或母看成性爱对象同一道理。第二,同时人类对于这个欲望也存有极强烈的嫌恶,其原由在以夺所爱者(例如父)之所爱(例如母)为罪恶,这和婴儿压抑对于亲属的性爱同一道理。一言以蔽之,原始人类和婴儿一样,对于亲属爱的情感是模棱两可的,是爱而又憎的。“特怖”就是这种模棱情感的表现。

分食祭肉礼和罪恶意识 视图腾动物为神圣不可侵犯,也由于这种模棱情感。婴儿患迫促迷狂症时常把畏父的念头移到动物身上去。例如畏马常是畏父的符号。原始社会所供奉的图腾动物其实也是代表父亲。子对于父在隐意识中有很强烈的妒忌嫌恶,所以须有厉禁才能阻止杀父的动机。图腾社会虽尊其所用为符号的动物,而祭神时又宰此动物以为牺牲。在野蛮社会中祭神时,就是宰杀图腾动物时,也就是全图腾聚餐行乐时。祭祀之后,同图腾的人即分食祭肉。分食祭肉在各种宗教中都是一件极大典礼。与宴的人一方面既把同族的意识趁这个机会发现得更加明了,一方面又仿佛以为祭肉是神明所享受过的,食之可获神佑。在弗洛伊德看,分食祭肉的意义还不仅如此。牺牲图腾动物是原始人类弑父的象征,分食祭肉是人类第一次庆祝成功的宴会。后来人类自己觉悟到这种举动是一种亏心的事,于是"罪恶意识"(sense of guilt)油然而生。"罪恶意识"是道德良心的萌芽,亦即宗教的初步。人类既对于弑父起"罪恶意识",于是求赎过的方法。第一赎过的方法就是大家相约,尊奉象征父亲的动物为神圣不可侵犯。第二个方法就是相约不占领父亲的妇人。这是两大"图腾"的"特怖"之起源。弗洛伊德的学说如此撮要申述,其荒唐无稽的色彩不免更加浓厚。但是他有许多事实佐证,读者应该自己去读《图腾与特怖》然后才下批评。

心理分析　心理学者对弗洛伊德的隐意识学说虽毁誉异词,而对于他的"心理分析法"(psychoanalysis)则莫不认为医学上极重要的贡献。心理分析法的要旨在窥探隐意识的内容,把它宣揭开来,使淤积的潜力发泄去不再作祟。它是勃洛尔的"谈疗"或"净化法"(cathartic method)之变相。"净化法"还要依赖催眠。它和旧式催眠术相较只有一个异点。在旧式催眠术中,催眠者是主动者,他发号施令,使被催眠者承受他所暗示的观念。净化法则只催眠而不暗示。它利用病人在催眠状态中意识检察作用疏懈时,设法把他的被压抑而忘却的欲望宣揭出来。弗洛伊德创"心理分析法"则比"净化法"更进一步,把催眠一段手续也丢开。他所以丢开催眠,是受南锡派的影响。般含常使受"后催眠暗示"(post hypnotic suggestion)者(即暗示被催眠者在醒后做某种动作)在醒后追忆催眠中的经过。被催眠者对于催眠中的经过大半不能忆起,但是经过般含挑醒以后,他也能把催眠中的所见所闻召回到记忆里来。弗洛伊德根据这件事实作一个很重要的推论:在催眠后既可把被遗忘的经验召回到意识里来,则通常隐意识中的经验也应不难召回。他的心理分析法的功用就在不利用催眠而召回被遗忘的经验。这个治疗法各家所用的互有分别。弗洛伊德所用的是"自由联想法"(free association method)。

自由联想法 行"自由联想法"时,病人须躺在一个安乐椅子上,很逍闲自在的让思潮自由流动,不用意志去支配,想到什么就想什么,丝毫不用隐讳或回避。分析者坐在病人背后乘机发问,叫他把致病的经过,家庭环境及以往历史坦坦白白的说出来,尤其要紧的是不要隐瞒可痛心可羞耻的事。

"抵抗" 被遗忘的欲望之不能闯入意阈,由于检察作用的压抑。病人既不愿自己知道他自己的隐事,自然更不愿使医生知道。所以受心理分析者常于无意中向分析者表示"抵抗"(resistence),不肯说出隐衷。比如有些病人不肯受心理分析,骂分析者为骗徒,或于规定受诊时间借故不到,或嫌分析者索价太高,都是"抵抗"的表示。

"移授" "抵抗"自身也是一种病征,病人并非故意如此。分析者若应付有方,当不难得病人的同情和信仰。病人如果对于分析者有同情和信仰,则不但向他无隐讳,而且往往能够发生近于恋爱的关系。他的"来比多"的潜力原来附丽于某一人或某一物的观念上(例如"俄狄浦斯情意综"中子之于母),现在他可把这种潜力移注在分析者的身上。这种作用在术语上叫做"移授"(transference)。"移授"是治疗的初步。病人的精神失常,本由于性欲固结在不适当的对象上。所谓"移授"就是打破这种固结,就是把病根移去。"来比多"的潜力既移授于分析者以后,分析者于是设法把它解剖给病人看,教导他自己去把作祟的潜力利用于其他较有益的活动。比如有性爱需要的病人,分析者可设法助他寻一个适当的对象,或者利用升华作用,引导他将“来比多”的潜力发泄于文艺宗教或职业方面去,分析者的职务并不止于治疗,治疗以后,他还应设法使病人以后不至发生同样的病症,所以分析之后,要继以“更新教育”(re-education)。

弗洛伊德学说的批评:他的贡献 弗洛伊德的最大贡献在发明心理分析法以治精神病。无论其学理的根据如何,而言实效,则心理分析法的功用已为世所公认。至于弗洛伊德主义对于心理学上的贡献,1924 年 5 月号美国《心理学评论》中有四篇文章,言之颇详。鲁巴(J. H. Leuba)以为新心理学有四种倾向,都是受弗洛伊德主义的影响。第一,心理学上的原子观已被打破,心理学者现在多注意行为之完整的(integrated)和活动的(dynamic)两方面。隐意识心理学所研究的以全人格的动作及其动机为中心。就这一点看,它和行为主义和机能主义颇似同调。第二,弗洛伊德主张极端的前定主义,所以把心理学看做很严密的科学。他以为心理也和物理一样,其中无所谓“机会”,一动一静,都有前因。第三,从前心理学多忽视过去经验,弗洛伊德派才证明过去经验时时刻刻在支配现在行为。物理上质力不灭,心理上经验也不灭。总而言之,心理生活是连贯的,不是飘忽无常的。第四,弗洛伊德学说唤起研究“人格”(personality)的兴味。妥司通(Thurstone)说,从前心理学家只研究飘忽的心理状态(momentary mental states),而弗洛伊德派则研究永久的生活兴趣(permanent life interest);从前心理学的普通公式是“刺激—主者—行为”,弗洛伊德的公式则为“主者—刺激—行为”。这也是说他把人格问题看得特别重要。

他的缺点 弗洛伊德的学说行世后,推尊之者固多,而攻击之者亦复不少。比较有力的批评都要推耶勒(见他的《心病治疗学》卷二)、麦独孤(见他的《变态心理学大纲》)和他自己的门徒荣格和阿德勒(详第七第八两章)诸人。他的最大的缺点在他的泛性欲主义(pansexualism)。性欲关于种族保存,其重要为心理学家所公认,但是像弗洛伊德把它看作一切变态心理作用的来源,则未免过于牵强附会。他的“隐意识”一个概念也非常暧昧。“隐意识”既不能以意识察觉,则其存在只可推测,不可证明。弗洛伊德派学者对于它的性质始终没有说得明了。比如“欲望”和“观念”都是意识作用,而弗洛伊德派学者常用“隐意识的欲望”和“隐意识的观念”等名词,其实这就是说“隐意识的意识”,不显然是自相矛盾么?(参看 Mind, vol. XXXI. p. 414。)

他的梦的解释太牵强 弗洛伊德的隐意识说基于梦的研究,我们如果跟着麦独孤把他的梦的解释仔细加以分析,便可发见许多难点。

(一)隐意识何以要化装避免“检察作用”以出现于意识界呢?弗洛伊德说它是寻求快感。隐意识寻出快感已很难思议,何况欲望压抑到隐意识本由于它带有不快感,现在又说它回到意识界求快感,也是自相矛盾。弗洛伊德误在兼收“快感原则”与麦独孤所谓“动原观”(homic view)。不知“快感原则”实即旧心理学上的“唯乐观”(hedonistic view),与“动原观”是不相容的。“唯乐观”以快感与不快感为趋避的原因,“动原观”以快感与不快感为生活力得发泄或被阻抑的结果,这显然是相反的。

(二)弗洛伊德对于“检察作用”(censor)和“自我”(ego)两个

名词用得太混乱。有时他把这两件东西看作同一,它们都是性欲的压抑者。但是在梦的解释中,他又把“自我”和“检察作用”看作两种东西,“检察作用”可以察觉梦的隐义而防止其直裸裸的现于意识界,而“自我”则不能察觉梦的隐义,梦的隐义常躲避“自我”,因为恐怕它的道德意识受震撼。“自我”真的是因了梦的不道德而受震撼么?伯柔尔(Brill)医生尝诊过21个病人,发见他们都梦过和自己的母亲发生性的关系,完全没有化装。然则弗洛伊德所谓“检察作用”到什么地方去了呢?

(三)弗洛伊德以为梦须化装,以保护睡眠,免得唤起道德的震撼(moral shock)。许多人常从梦中惊醒,足证此说无据。

(四)弗洛伊德以为梦中所用的符号都是代表生殖器或性的关系,他又承认这些符号是从野蛮的祖先遗传下来的。穴居野处的人何从拿“伞”来作阳性的符号,“屋”来做阴性的符号?

(五)欧战中兵士在梦中常复演战场的情景。这种“战场梦”不能用弗洛伊德的学说解释。

(六)许多梦不用弗洛伊德的方法也可解释,我们只要看荣格和麦独孤的著作便可知道。

我们只取“梦”来批评,以示读弗洛伊德书者须处处持怀疑态度,不可过于置信。其实他的学说每条都可以如此细加批评,而且每条都被人如此细加批评过的。

缺乏生理的根据　弗洛伊德还有一大缺点,就是对于心理学的生理基础无所说明。他在《梦的解释》中论压抑作用时,曾自认对于隐意识的生理基础不甚了了,而希望将来有人能拿神经细胞的动作来解释隐意识作用(见 Interpretation of Dreams, p. 472)。照这话看,他是承认心理作用应有生理基础的。他只管说压抑、化装、检察、升华，而丝毫没有顾虑到这些作用是否在现在生理科学上能寻得根据。比如他把“来比多”完全看作性欲的潜力，美国来希列(K. S. Lashley)就以为这种见解与生理学的证据不相符。(参见1924年5月号美国《心理学评论》中“来比多的生理的基础”一文。)

第七章　荣格

维也纳派和苏黎世派争执　弗洛伊德的及门弟子中以荣格（C. G. Jung）、阿德勒（Adler）和司徒克尔（Stekel）三人为最重要。荣格是瑞士苏黎世派（Zurich School）精神病学者的领袖，而阿德勒与司徒克尔则与弗洛伊德同为维也纳人。弗洛伊德待荣格特别优厚，所以荣格为维也纳派学者所忌。但是荣格虽有承受衣钵的希望，而他的主张则往往与师说相乖。因此，弗洛伊德自己和徒弟、徒弟和徒弟中酝酿成许多妒忌仇视和争执，结果不但维也纳派和苏黎世派成为劲敌，阿德勒分立门户，即荣格和弗洛伊德亦终归于破裂。我们读弗洛伊德自著的《心理分析运动史》，不禁起一种不大惬意的感想，这般心理分析学的先驱，谈到谁在先发表某个主张，谁是正宗，谁是叛逆时，互相倾轧妒忌，比村妇还要泼恶。这是科学史上少有的现象。

荣格和弗洛伊德的分别　荣格的学说是根据弗洛伊德的隐意识说而加以扩充修正的。我们如果取这两人的基本主张相比较，则一方面既可见出弗洛伊德的缺点，而另一方面又可明了荣格的特别贡献。

个体的隐意识和集团的隐意识　（一）弗洛伊德研究隐意识，着重环境，只注意个人的心理生展之历程；荣格研究隐意识，着重遗传，将全人类的心理生展史拿来作通盘计算。依弗洛伊德看，心可分为四大成分:(1)本能,最重要者为性欲本能,其次为自我本能。这两大本能虽得诸遗传而却非隐意识。它们只是造就隐意识的原因。因有本能,故有欲望,欲望为意识的检察作用所压抑,所以有隐意识。(2)意识,包含目前一切知觉。(3)前意识,已经的知觉而现在不复在记忆中,但可自由复现于意识。(4)隐意识,被压抑的欲望,包含情感(affect)和观念(idea)两大成分,所以名为“情意综”,隐意识完全在个体生命史中形成,婴儿初入世时无所谓隐意识。隐意识之发生由于欲望和环境影响相冲突,所以它或非得诸遗传。荣格以为弗洛伊德把隐意识看得太狭小。人类自有生到现在,已有无数亿万年的历史,每个人都是这无数亿万年的历史之继承者。在这无数亿万年中人类所受环境的影响,所得的印象,所养成的习惯和需要,都借遗传的影响储蓄在各个人的心的深处。这种全人类的“传家之宝”实形成隐意识之最大部分,所以荣格分隐意识为两种,一为“个体的隐意识”(personal unconscious),一为“集团的隐意识”(collective unconscious),“个体的隐意识”有两大成分:(1)被遗忘的经验,相当于弗洛伊德的“前意识”,(2)被压抑的欲望,相当于弗洛伊德的“隐意识”。

集团的隐意识 但是“个体的隐意识”仅占隐意识的一小部分,其大部分则为“集团的隐意识”。“集团的隐意识”包含两大要素:(1)本能,荣格和弗洛伊德一样,都以为本能根本只有两种,一为绵延种族用的,即性欲本能,一为保存个体用的,即营养本能(nutritive instinct)(较弗洛伊德的“自我本能”稍窄狭)。(2)“原始印象”(primordial images)。“原始印象”是人类在原始时代所蓄积的印象,其种类甚多。最普通的是神话(myths)。神话之发生,由于原始人类对于自然现象不能给以科学的解释,于是臆想出种种神奇鬼怪,以为风云雷电、草木鸟兽等等都是神鬼的工作,这种神话在现代虽很少有人相信,但是它还储蓄在隐意识中,常常在梦中出现。弗洛伊德以为梦大半隐寓儿童时的性的经验,荣格以为梦的本源还远在无数亿万年以前,不仅在儿童时。

思想原型　人生而有各种“思想原型”(archetypes of thought),所以不假经验,就能知道“甲大于乙,乙大于丙,则甲大于丙”,“凡事皆有原因”,“甲不能同时为非甲”等等。这类知识在哲学上叫做“先经验的知识”(a priori knowledge),“思想原型”就是直觉“先经验的知识”的能力,就是“原始印象”之一种,也就是“集团的隐意识”的一部分。在荣格看,科学家的发明和艺术家的创作都不仅凭个人的努力,他们的最后凭借都是“原始印象”。所以他们常自觉心的深浅非自己所能测量。在一般人看,他们是“如有神助”,或是得着“灵感”(inspiration),其实他们也只是“叨祖宗的光”。比如马耀(Mayer)发明能力不灭就是一个好例。马耀并不是一个物理学家,也不曾经过深思冥索。他有一天坐在船上,霎时间觉有灵光一现,立即悟出能力不灭的道理。所以荣格说,“能力不灭”是原始人类已储蓄起来的印象。各种宗教的“灵魂”观念就是“能力”的印象之雏形,“灵魂轮回”就是“能力不灭”的印象之雏形。各个人的隐意识中都存有这个原始印象,不过在马耀的隐意识中,这个原始印象,因为情境凑巧,所以能涌上意识里来。

Persona 和 Anima　各人的意识内容各不相同,各人的隐意识内容也不一致,因此各有各的“个性”。荣格把意识生活的个性叫做 persona,意谓“人格”,这是环境所造成的,是自己觉得到,旁人见得着的性格。隐意识生活的个性则为 Anima,意谓“灵魂”,这是无数亿万年前的远祖所遗传下来的。persona 和 Anima 常相反,惟其相反，所以能相弥补。我们可以说，persona 是“皮相”，anima 是“骨相”。皮相是女性，则骨相常为男性；皮相是男性，则骨相是女性。皮相偏重情感，则骨相偏重理智；皮相偏重理智，则骨相偏重情感。其他仿此。我们在醒时所表现的心理生活是 persona，在梦中所表现的心理生活是 anima。梦是弥补实际生活的缺陷的，隐意识是弥补意识的缺陷的。

性欲观和能力观　（二）弗洛伊德所持的是“性欲观”（sexual view），荣格所持的是“能力观”（energic view）。弗洛伊德以为“来比多”（libido）全是性欲的潜力，性欲是与生俱来的。婴儿应付性欲的需要往往“乖常”（perversion），把“来比多”固结在“自性爱”、“同性爱”、“亲属性爱”及其他种种离奇的幻想（phantasies）上，于是形成种种“情意综”，其中尤其重要的是“俄狄浦斯情意综”，这是隐意识的基层。成人性欲发达完全时，如果能遇着适宜异性对象，则性的生活可遵常轨，否则“来比多”返流或“还原”（regress）到婴儿期，使婴儿期所固结的乖常的情意综再活动起来，其结果乃有种种神经病。

荣格对于这几个论点都不完全赞同。第一，“来比多”是生活力的总称，相当于柏格荪的 élan vital，性欲冲动仅为其中一个要素。人类在有生之初，“来比多”也许全是性欲的。但是文明日进，生活日繁，人类不得不把“来比多”的潜力划拨若干出来以应付性欲以外的需要。久而久之，这划拨开来的“来比多”便和性欲冲动处相对地位，比如营养本能便是带有这种性质。

第二，性欲到青春期才发现，婴儿所发的类似寻求性欲满足的动作，严格的说，并不就是性欲的表现，例如婴儿吮乳，弗洛伊德把它看作性欲的表现,荣格则以为由于营养本能,与性欲无关。如依弗洛伊德,则自婴儿期至青春期,性欲应该一天强似一天,何以婴儿期与青春期之交,我们通常很少见性欲的痕迹呢?弗洛伊德称此期为“潜伏期”(latent period),性欲何以有潜伏期?弗洛伊德实未曾顾及。荣格否认婴儿期有真正的性欲,所以无须假设潜伏期。

第三,荣格亦承认“俄狄浦斯情意综”之存在及其重要。但是它并非在婴儿个体生命史中形成的,尤其不是亲属性爱的表现。它实在是存在“集团的隐意识”中,是初民所遗传下来的“原始印象”。换一句话说,弑父娶母,在野蛮时代或为普遍经验,现在“俄狄浦斯情意综”只是一种很远的种族记忆。

第四,荣格和弗洛伊德都以为神经病起于还原作用,或退向作用(regression),但是弗洛伊德所谓“还原”是性欲的“还原”,是“来比多”返流到婴儿期,把婴儿期的性的乖常和幻想重新唤醒;荣格所谓“还原”,是“生力”的返流,而返流所至,不仅为婴儿期,而且有时为人类的野蛮时期;返流的路径不仅是性欲的,有时为无关性欲的原始经验。荣格批评弗洛伊德说,弗洛伊德把儿童期的性欲经验看作神经病的远因,其实他所谓性欲的乖常和幻想是普遍的经验,何以在一部分人中才发展为神经病呢?弗洛伊德误在没有注意到这个问题。荣格解释神经病,着重病人的现时适应环境的能力。生命时时刻刻向前进行,应付环境的“来比多”也时时刻刻向外发泄。环境如有困难,“来比多”的潮流于是停止。平常人中“停止”就是“蓄积”,“来比多”蓄积愈多,其力愈大,所以终于因战胜环境困难而得发泄。但在神经衰弱的人中,或者在环境无法可征服时,“来比多”既停止,即须倒流,于是有“还原作用”,于是有神经病。一言以蔽之,神经病之发生,由于“生命工作之不成就”

(nonfulfilment of life's task)。这句话如何解释呢？环境是日新月异的，所以生命工作时时需要新的努力，新的适应方法。但是有时遇着困难境遇，我们寻不出新的适应方法，于是把婴儿期的或人类野蛮时期的旧而无用的方法，拿来适应新的环境。所以生神经病可以说是弱者取巧的方法，是朝抵抗力最少的路径进行。这个道理我们可取一个比喻来说明。小孩子初上学的遇着头痛就可告假，后来觉得书太难读了，要想告假，于是借口头痛。"还原作用"就是由怕读难书而还原到头痛，以闪避卖气力的需要。

梦的原因观和究竟观 (三)荣格、弗洛伊德都以为梦为隐意识的产品，不过他们的主张有两个重要的异点。第一，弗洛伊德把梦看做过去欲望的化装，往往发源于婴儿期；荣格把梦看做"原始印象"的复现，大半发源于人类有生之初。第二，弗洛伊德只究问梦的原因，他的解释完全是客观的；荣格则推求梦的目的，他的解释是主观的。这两个异点其实都从"集团的隐意识"之存在与否出发。我们再说详细一点，便可明白这个道理。

要将一件事实解释清楚，我们不仅须问它的原因，还要问它的目的。只追究原因而忽略目的，是弗洛伊德的缺点。比如有一座大礼拜堂，弗洛伊德只把它分析成砖瓦泥土而说明其如何构成。而荣格则进一步问这座礼拜堂为何构成，它的用处何在。如果用荣格的术语说，弗洛伊德只着眼"原因"(causality)，他自己则追问"究竟"(finality)。这个分别观下例自明。

有一位青年病人做这样的一个梦：我站在一个素不相识的园子里，在树上摘取一个苹果，很小心的伸头四顾，好不叫人看见。

"病人所联想起的与此梦有关的记忆是在童年时，在他人园里偷摘两个梨子一个经验。

“这个梦中的要点是一种做亏心事的感觉，他因而想起前一天所经过的一个情境。他在街上和一位仅有一面之交的少女攀谈，适逢一位相识的男子走过，他猛然觉得不好意思，好像做了坏事似的。他又由苹果联想到《创世纪》中亚当和夏娃偷食禁果，被逐出乐园的故事，他觉得偷食禁果受如许重罚是不可解的事。他常为此发怒，他觉得上帝似乎太苛刻一点，因为人的贪鄙和好奇心也都是上帝给他的。另一个联想就是他的父亲常为一些事情谴罚他，在他是觉得莫明其所以然的。他所得的最苛的惩罚是在偷看女子洗澡之后。

“这件事又引起另一个自供。他近来和一个女婢曾有一次艳事，虽然他没有完全达目的，前一日还和她有一次私会。”

他的联想材料如此，如依弗洛伊德的解释法，它的意义应该是这样：梦者前一日和女婢私会，没有实现他的欲望。摘取苹果就是满足这个欲望的象征。

荣格说，满足性欲的象征甚多，他何以不梦上楼梯，何以不梦拿钥匙开门，何以不梦坐飞艇，而独梦偷摘苹果呢？如果他梦拿钥匙开门，则他的联想材料必完全不同，必没有偷摘苹果的“罪恶意识”，必联想不到亚当、夏娃偷食禁果受谴罚的故事，必联想不到前几天在街上和少女攀谈所感到的不安。他梦偷摘苹果，是由于“罪恶意识”在隐意识中涌现，他的梦仿佛是警告他私通女婢是一件不正当的事。他平时习见习闻旁人的类似的不正当行为，意识中已不复把它当作大不了的事，他的道德意识已为习俗所剥丧。但是隐意识中存有无数亿万年传下来的性道德观念，所以仍能在梦中给他警告。照这样看，荣格的见解和弗洛伊德的几乎相反，弗洛伊德把梦看做不道德而意识的检察则为道德的；荣格则以为梦是道德的，所以“弥补”意识之不道德。

荣格又说他的解释是主观的，而弗洛伊德的解释则为客观的。再拿上例说，自弗洛伊德看，偷摘苹果代表一个实在情境，而自荣格看，它是象征梦者的人格中之一部分，即隐意识中的性道德观念，即他所谓 anima。anima 的象征不必为做梦者这生的经验，可为“原始印象”。所以梦和神话所用的象征往往相同。例如上面偷摘苹果的例子和《旧约》中偷食禁果的例子都是代表“罪恶意识”的“原始印象”。

“弥补”意识的缺陷就是隐意识的目的，就是梦的“究竟”。弗洛伊德的学说看来虽有许多类似玄想，其实他所用的完全是经验科学的方法，完全是机械式的因果观。荣格则明目张胆的说，心理学所研究的现象都含有“目的”或“究竟”，不能完全依赖科学方法，因为科学只追究原因。关于这一点，心理学家的意见颇不一致，有主张不谈“目的”者，有主张“目的”也可用科学方法研究者。

两派的心理分析法　（四）弗洛伊德以为神经病原在被压抑的性欲，心理分析可以祛病，就因为它能将被压抑的欲望召回到记忆里来。他所以把心理分析法称为“净化法”。荣格否认神经病原为被压抑的性欲，而却承认心理分析有治病的功效，这是如何解说呢？在他看，神经病之发生，由于“来比多”的潜力因“还原作用”而附丽于幼稚期或野蛮期的“固结”（即情意综）上去，心理分析可以治病，就因为它可以使附丽在情意综上的“来比多”恢复自由，复受意识支配。

单字联想法　在技艺方面，荣格所用的心理分析与弗洛伊德的只有一点稍异。弗洛伊德专为自由联想法(free association method),荣格则改良冯特的“单字联想法”(word association test)以补自由联想的不逮。此法现在应用颇广,现在略将手续说明。他选出100个“刺激字”(stimulus words),例如“头”、“青”、“死”、“船”、“病”、“钱”、“吻”、“友”、“花”、“门”、“洗”、“婚”、“画”等等,分析者依次朗诵各刺激字,使被分析者把刺激字所唤起的联想字(association word)或“反应字”(response word)迅速说出,不稍停顿。刺激字唤起反应字所需之时间叫做“反应时间”(reaction time)。心理健全的人对于每字所需反应时间为3秒钟左右。比如你说“水”字,他不过3秒钟就说出“船”字或其他字,用不着迟疑。有时某字所需反应时间特别长久,这就由于它和隐意识中情意综有关。刺激字激动心中隐事,触动情感,而同时意识作用又设法掩盖闪避,所以反应需时较长。有一个人费45秒钟才唤起“树”字的反应字。他是一个著作家,在他的书中“树”字仅见过两次而每次都联想到悲酸的情境。心理分析者仔细研究,发见他在9岁时曾见人自“树”上跌到石上把头碰破了,因之大受惊吓。“树”的观念因为成为恐惧的情意综之中心,所以他不容易想起它的反应字。分析者既知道某刺激字与隐意识有关,于是就拿那个字做中心,再寻与它有关系的字的刺激字。比如在100字中,“钱”字所需反应时间最久,则取“费”、“赚”、“赔”、“买”、“存”等字做刺激字,叫病人把这些字所唤起的联想一一说出。这一次是用自由联想法,不仅说出所想到的第一个字。下面是一个实例:

“颈……颈……树……一个水池……颈痛……觉得被水淹似的……瞎眼……工厂……父亲……父亲在那里做工……呀,对了!……一个小孩子倒在我身上……我那时才有7岁左右……

我的颈子打脱了关节……他们到工厂里找父亲,父亲背我去见医生。”

从这个联想线索看,我们可知病人幼时曾因颈子打坏而大受惊吓,隐意识中“颈”字成了恐惧的情意综之中心。现在病人既把它回想起来,“来比多”的潜力不复淤积在恐惧情意综上,所以病也就痊愈了。弗洛伊德自己也承认这种单字联想法可以弥补他所用的自由联想法的缺陷。现在心理分析者大半兼用二法。

内倾和外倾 荣格和弗洛伊德的学说的异点大概如此。荣格对于心理学还另有一种很重要的贡献,就是对于“心理原型”(psychological types)的研究。“人心不同,各如其面”,但是在这种不同中我们可以寻出若干同点出来,好比面孔虽各不同,但说粗略一点,总不外长脸圆脸两种“原型”。心理也是如此。荣格以为人的原型不外两大类,一为“内倾者”(introverts),一为“外倾者”(extroverts)。外倾者的“来比多”潜力是向外的,把“外物”(objects)的价值看得特别贵重,所以时时刻刻都注意外物而无暇返观“自我”(ego)。内倾者的“来比多”潜力是内向的,把自我的价值看得特别贵重,所以全副精神都聚会在自己的身上,对于外物毫不注意。外倾者好比灯蛾,内倾者好比蜗牛。外倾者好社交,内倾者好孤寂。外倾者好活动,内倾者好沉静。外倾者多受感情支配,内倾者多深思冥索。外倾者多乐观,内倾者多厌世。外倾者多勇往直前,内倾者多畏缩。这两种人对于人生的态度不同,而所成就的事业亦因之各异,古时大演说家、大政治家、大社会运动家和戏剧界名角大半都是外倾者。大诗人、大宗教家和大哲学家大半都是内倾者。不独个性如此,民族性和文化也有内倾外倾的分别。东方文化是内倾的，而西方文化则为外倾的。

荣格的这种分类也并非一家的私见。奥司华（W. Ostwald）把文人和天才分成浪漫者（romanticists）和古典者（classicists）。浪漫者动作敏捷，思致灵活，感情热烈，善于博声誉，得信徒。古典者冥心孤往，只希冀身后之名而不屑一时的炫耀。尼采把艺术的精神分为两种，他拿古希腊两个神名来称呼它们。一是阿波罗派（Apollonic 爱神及文艺之神），是恬静幽美的，好比清风皓月，令人心旷神怡，悠然遐想。诗歌小说雕刻图画都是阿波罗的艺术。一是狄俄倪索斯派（Dionysian 酒神），是热烈焕发的，好比酒徒酒酣耳热之后，猖狂叫嚣，慷慨淋漓的时候，把自己一切忧喜都付之度外。音乐跳舞都是狄俄倪索斯的艺术。詹姆斯把哲学家分为柔心的（tender-minded）和硬心的（tough-minded）两种，纯理主义者、乐观者、一元观者、持自由意志说者、古典者、虔信宗教者都是柔心人，经验主义者、悲观者、持命定论者、浪漫者、不信宗教者都是硬心人。

依荣格说，奥司华所谓浪漫者，尼采所谓狄俄倪索斯派，詹姆斯所谓硬心人都是外倾者，至于古典者、阿波罗派和柔心人则为内倾者。

心理学家也有内倾者和外倾者两派。外倾者全从经验科学的立脚点出发，注重环境的影响，以为“原因”既说明便算尽了心理学的能事，弗洛伊德是最好的代表。内倾者把自我看得特别重要，外界变化都是为我发生的，心理学家须于原因以外再进一步求知“目的”，阿德勒和荣格自己都属这一派。

弥补作用　在上文我们已经说过，隐意识的功用在弥补意识，anima 的功用在弥补 persona。这个道理在心理“原型”中也可见出。在意识生活中是外倾者，其隐意识往往内倾。在意识生活中是内倾者，其隐意识往往外倾。例如内倾者好孤寂而恶社交，从意识方面看，他似乎觉得“上天下地，唯我独尊”，把社会看得不值一文钱；可是从隐意识方面看，他实在把自己看得太小，把社会的价值估得太高，他所以甘于蜗居蛰伏，实在是怕伸头。内倾者暗中常羡慕外倾者，外倾者暗中亦常羡慕内倾者，所以男女交际中，性格相反者彼此互相吸引的能力反而特别大。

精神病之发生，由于适应现在环境之失败，而“来比多”潜力还原到过去的不适用的反向方法，已如上文所述。所谓适应现在环境之失败，就是隐意识中内倾和意识中外倾失调，或是隐意识中外倾和意识中内倾失调。比如说，内倾者往往富于思想而缺少情感。他平时专过思想生活而不略尝情感生活，到了需要情感的环境发生，他就不免穷于应付。其结果往往为精神病。病态心理也有两种。患迷狂症的人是外倾者，所以易于动情；患童癫症（dementia praecox）的人是内倾者，所以精神一日比一日颓唐。

荣格学说的批评　荣格的学说大要如此。弗洛伊德派学者多讥其为“非科学的”，其实“非科学的”不特是荣格所不免，弗洛伊德派自己也安能逃这个罪名？

依我们看，荣格最大的贡献有两点。第一点是把“来比多”看做广义的“心力”，打破弗洛伊德的“泛性欲观”。第二点是着重“集团的隐意识”和“心理原型”；这也足救弗洛伊德偏重个人环境而忽略种族遗传之弊。

思想原型说的困难　关于第一点，一般心理学者都是赞同荣格的。除了弗洛伊德的“死党”，现在已没有人把性欲看成唯一的原动力了。关于第二点，则意见尚未臻一致。有人根本否认“集团的隐意识”一个观念。挪芮荎（Northridge）在他的《近代隐意识学说》一书中就是这样主张。他说，荣格的“集团的隐意识”包含本能与“思想原型”，而这两个成分实在都很难说是“集团的隐意识”。先言本能，就其未发动者言，不能谓为“隐意识”，就其已发动者言，只能谓为“意识”，就其已发动而被压抑者言，只能谓为“个人的隐意识”。次言“思想原型”，吾人很难断定心理“家私”某者是祖宗传下来的，某者是个人自己白手赚得的，而且种族记忆或如西门(Semon)所言，由于脑中含有“印痕”(engrams)，全是一件生理上的事实，而不必拿心理学来讲。

习得性能否遗传　在我们看，“思想原型”的最大困难倒不在此，而在“习得性(acquired characteristics)能否遗传”一个生物学的问题。据雷马克(Lamark)说，习得性是可以遗传的，例如长颈兽(giraffe)其颈之所以长，就因为它吃树叶须伸长颈，越伸越长。伸长的颈本是在个体生命史中的一个“习得性”，遗传到子孙，以后所以一代长似一代。魏意斯曼(Weismann)和新达尔文派学者反对此说，以为习得性不能影响生殖细胞，所以无法可遗传，例如把接连十几代的鼠都割了尾巴，以后新生的鼠还是有尾巴的。荣格的“思想原型”一个观念须假定雷马克习得性可遗传之说。因为“印象”(image)是个体所习得的，现在人类既还存有无数亿万年前远祖所得的印象，则印象可遗传，自无疑义。现在生物学者大多数是新达尔文派，所以在他们看，荣格的“原始印象”是不能存在的。但是也还有许多学者仍然把“习得性可否遗传”看作一个待解的问题。麦独孤倾向雷马克说而却疑荣格的“思想原型”，其说详见他的《变态心理学大纲》第九章。

第八章 阿德勒

弗洛伊德和阿德勒 弗洛伊德有两位高足弟子，其一为荣格，其一为阿德勒（A. Adler）。荣格脱离弗洛伊德，因为不满意他的性欲观；阿德勒所以独立门户也是因为嫌他的师傅把性欲看得太重。从生物学观点看，人生有两大需要，一是保存种族，一是保存个体。因为要保存种族，所以有性欲；因为要保存个体，所以有“自我本能”。弗洛伊德偏重保存种族的需要，所以虽承认“自我本能”和性欲是并行的，而却以为“来比多”全自性欲组成。荣格以为“性欲”和“自我本能”之上还另有一种“太上皇”，就是“来比多”或广义的“心力”。阿德勒与弗洛伊德适走两相反极端，他以为“来比多”全是自我本能的潜力，而性欲也只是“自我本能”的变相。

心理学应重目的 在态度和方法方面，阿德勒较近于荣格。荣格以为心理学应以研究目的为第一任务，不当囿于寻常科学的因果观。这种论调阿德勒倡之更力。他说，“倘我知道一个人的目标，我就能略知他将要怎样行动。我就能把他所发的连续的动作按部就班的排列起来而观其关系，正其错误，而且可设法明了这些关系的心理学上的意义。如果我只知原因，只知反射动作、反应时间和复演这种动作的能力，则我对于心灵中的经过便完全不能明了”。不但如此，如果我们只从因果观出发而不顾到目的，我们决不能据往以知来，不能知道精神颓丧的人由“树”字联想到“绳”字时其心中存有自杀的动机。我们可以说,在寻常科学所研究的现象中,因在果前;而在心理现象中真正原因都在果后,因为现在行为都随未来希望而转移。目的就是存于未来的原因。心理学固然也要研究果前之因,但是它尤其不应忽略果后之因或目的。

在上意志和男性的抗议　人生一动一静都有一个目标。就表面说,人的目标各各不同,有人只顾名,有人只顾利,有人只顾恋爱,有人只顾学问事业。但是看到骨里,这些表面不同的目标其实都只是一个普遍的目标,这就是"优胜"(superiority)。阿德勒受尼采的影响最深。他以为人类行为全受"在上意志"(the will to be above)驱遣。"在上意志"就是尼采所谓"权力意志"(the will to power),也就是心理分析家所谓"来比多"。"在上意志"也可以说是"男性的抗议"(masculine protest),表之以公式,则为"我要做一个完全人"。因为要做一个完全人,所以我不容有丝毫缺陷。倘有丝毫缺陷,则我心中便存有"卑劣感觉"(the sense of inferiority),即耶勒所谓"缺陷感觉"(sentiment d'imcomplitudc)。

双极说　弗洛伊德所谓"模棱情感",阿德勒称之为"双极"(bipolarity)。人们对于"自我"都抱有双极情感。愈有"卑劣感觉"时,自我意识也愈强烈;自我意识愈强烈时,"卑劣感觉"也愈不堪忍耐。自视过高的人把小屈辱看成了极大羞耻,自己觉有缺陷,于是"在上意志"乃暗地驱遣他提出"男性的抗议"说,"我要做一个完全人",这就是说,"我要设法弥补我的缺陷"。依这样看,凡是"完全"都是由"缺陷"生出来的。

依阿德勒说,人们在无意中对于世界一切人物都有一种估价,而这种估价都只有一个分别,或为"上下",或为"胜败",或为"优劣",或为"强弱"。换句话说,我们每逢见一个人时,就暗中揣想

“他在我上”或是“他比我劣”；我们每有所动作时，就暗中揣想，“我这次是成功”或“我这次是失败”。在这种估价中，成人被看得比婴儿强，男子被看得比女子强，所以婴儿心中常想做成人，女子心中（有意的或无意的）想做男子；犹如步走的人羡慕骑驴的人，骑驴的人羡慕乘车的人。

缺陷器官和弥补 觉到“缺陷”，便图“弥补”（compensation）。阿德勒在《缺陷器官研究》中就专门讨论“弥补”的道理。他举了许多实例，证明器官有缺陷的人，因为“在上意志”与“缺陷感觉”相冲突，于是极力求弥补，结果使缺陷器官反而比寻常完全器官还更加有用。最著名的例子是德摩斯梯尼（Demosthenes）。他本来患口吃，因为要弥补这个缺陷，发奋练习言语，后来便变成希腊的第一大雄辩家。大音乐家如贝多芬（Beethoven）、莫扎特（Mozart）、舒曼（Clara Schumann）诸人都有耳病。大军事家如司提里柯（Stilicho）和托司唐生（Torstensson）都是患疯瘫麻木的人，也都可以证明弥补的道理。

有时在甲方面感觉到缺陷，可在乙方面求弥补。苏格拉底的心灵最优美，因为他的面孔太丑陋。海伦·凯勒（Hellen Keller）又聋又盲又哑，而成著述家。就中国说，孙子膑足，乃著《兵法》；左邱失明，乃著《国语》；司马迁受宫刑，乃著《史记》，也是脍炙人口的故事。诸如此例，都是“在上意志”暗中驱遣器官有缺陷的人极力求弥补而终于获非常成就的。

儿童心理和弥补 “弥补”是一种极普遍的心理现象，不特具缺陷器官者为然，儿童心理差不多全受“弥补”作用支配，儿童器官发育未完全，一切都要依赖旁人帮助。他看见环境不易应付，又看见成人能力之广大，心中当不免感到缺陷感觉。此时男性的抗议便提醒他寻求弥补。儿童往往好活动，好探问，好模仿，都是受缺陷感觉的驱遣。教育之可能，即由于儿童富于缺陷感觉。缺陷愈大，感觉愈灵敏，而寻求弥补也愈加急迫。所以孱弱的儿童往往比健全的儿童更加好胜。

儿童的“在上意志”很强，所以和兄弟姐妹相处，一切都要占优胜地位，尤其是对于父母的爱。年较长者往往打起哥哥或姐姐的牌子，向弱小弟妹发号施令，要他们绝对服从，甚至于依仗自己的势力去欺凌他们。这固然是“在上意志”的表现。弱小弟妹自知在年幼和体力方面有缺陷，不能像兄姊那样横强霸道；可是他们知道以柔取胜，对于父母特别恭顺，以求博得他们的欢心。这也是“在上意志”的表现。总之，儿童都以“优胜”为目标，不过达目标的方法或以横强，或以柔顺。

以柔取胜　以柔取胜，就是戴着假面具去实现自私自利的欲望，就是走弯路去达优胜目标。知道这个道理，我们就可知道阿德勒对于隐意识的见解。“在上意志”和满足“在上意志”的方法通常都为社会所仇视，因为人人都要占优胜，谁自甘屈辱，谁不妒嫉他人之求驾我而上之？所以优胜目标和达到优胜的方法常藏在隐意识中，不特他人不能看破，即自己也无由察觉。

精神病是闪避　精神病就是隐意识中的一种弥补方法，也可说是一种闪避(evasion)。“在上意志”本来要达到征服和优胜，倘若外物抵抗力过大而我无法可得胜利，我至少也不要甘受失败。我不能胜人，我至少也不要人胜我，不要人胜我，我只得闪避竞争和角斗。通常闪避的方法就是发生精神病。弗洛伊德以精神病为隐意识的产品，而阿德勒则以精神病为隐意识的借口。病人原来把自己和人生的价值都估错，预悬一种事实上难以达到的“幻想的目标”（fictitious goal）。目标本已定得过远，病人又发生精神病，使远者愈不可跂攀。用阿德勒的术语，生病者是于自己的能力和幻想的目标之中“造出距离”（to create a “distance”）。病人之生病是要造出一个“设若”（as if）世界做亡命之所。他仿佛说，“我不幸生了病。设若我不生病，我一定能成就很伟大的事业，我一定比某人强。生病自然不是我自己的过错。所以我对于自己的失败不能负责”。

性欲是在上意志的化装 弗洛伊德以为一切精神病原都在性欲被压抑，阿德勒以为一切精神病原都在缺陷感觉和“在上意志”的冲突，而性欲也只是“在上意志”的化装。例如手淫也是一种精神病征，弗洛伊德必归咎于性欲之乖常，而阿德勒的解释则适相反。他说男子不甘于倚赖女子，要表示自己无缺陷，才犯手淫。有时手淫是一种达到优胜的“纡回路径”。例如一个大家庭中的孩子被母亲忽视了，犯手淫后被母亲察觉，以后便时时惹她担心他。他发现要母亲照顾他，最好的方法是这种玩艺，所以不肯把这种恶习戒除。

性欲原于“在上意志”的道理还可以用另一实例说明。一位品学兼优的男子曾钟爱一个性格很好的女子。他们订婚以后，男子监督他的未婚妻的教育，全凭自家理想，苛求过甚，女子不胜其烦扰，不得已要求解约。他大受激动，于是发生精神病。阿德勒以为他在未订婚前，隐意识中即早存独身终生的念头；在女子未求解约时，他自己在隐意识中即早伏有解约动机，所以对于她的教育过于苛求。既解约以后，他的隐意识中有意永远打断婚姻的路，所以发生精神病。这话怎样解呢？他原来是一个寡妇的儿子，幼时常和母亲吵闹，于是在不知不觉中发生自己无法驾驭妇人的印象。这种缺陷感觉暗中使他发生闪避婚姻的意志。无法驾驭妇女，是他的缺陷感觉；胜过妇女，是他的思想的目标。闪避婚姻，是他的达到目标的方法。这里我们也许疑问，他既欲闪避婚姻，何以又和那位女子发生恋爱而订婚呢？阿德勒说，这也是由于“在上意志”。他自觉不能驾驭妇人，而“男性的抗议”又提醒他想“我不应如此无能力！”所以他恋爱订婚，都是假面具，他的用意实在择一个值得征服的女子来征服一次！以表示他没有缺陷。

缺憾感觉与“在上意志”的冲突　弗洛伊德以为精神病远在儿童时代。就表面看，阿德勒的主张与此相同，观上例可知。但是弗洛伊德以为被抑压的是性欲，阿德勒以为被压抑的是“在上意志”，两人的观点究竟不能一致。依阿德勒看，患精神病者在儿童期就早有两种相反的倾向：一方面是为器官有缺陷，自知卑劣，所以性格中带有女子气，很柔顺，很怯懦；而另一方面又为“在上意志”所激动，不甘在人下，所以性格中又带有男子气，很顽强，很暴躁。这两种倾向不得平衡，女性的倾向要他柔顺，而男性的倾向又要他顽强，他不知所可，于是露出一种“踌躇态度”（hesitating attitude），遇事当断不断，徒为疑虑与忧惧所苦，其结果乃为精神病。患精神病者往往有“两重人格”（double personality），有耶勒所谓“分裂作用”，即由男性的倾向与女性的倾向之冲突，换句话说，即由缺陷感觉与“在上意志”之冲突。

梦的解释　阿德勒对梦的解释也与弗洛伊德和荣格不同。弗洛伊德只研究梦的原因，以为梦是隐意识中欲望借化装而求满足。荣格着重梦的目的，以为梦是对于意识的警告，其源大半在

“集团的隐意识”。阿德勒承认梦是化装,而却不承认它是欲望的满足;承认梦有目的,而却不承认它是警告。在他看,梦中心理生活和醒时心理生活是一气贯串的。在醒时心理生活中,我们一动一静,都针对某一种幻想的目标,都是为着解决“生活路径”(life-line)的困难,总而言之,都有一固定目的。梦是继续醒时工作的,所以醒时胸中所有待解决的难题,在梦中也还在盘旋心中。梦是一种寻求达到“幻想的目标”的“预计”(premeditation),所以我们有时可据梦以占未来。梦所以须用符号者,则因“幻想的目标”多含侵略性质,与意识常相冲突,所以须藏在隐意识中,纵是要出现,也须戴着假面具。这种论调和阿德勒的相同。

梦既是寻求达到“幻想的目标”的预计,所以梦者的幻想的目标和对于某某问题的态度,不难从他所做的梦见出。我们姑且举两个实例来说明。

一个患“空间惊惧”(agoraphobia)的店铺女主有一夜做这样的一个梦:“我走进店铺,看见那班女伙都在那里打牌。”依阿德勒看,病人在做这梦时,实在是预计她病愈时如何整顿店中的纪律。她实在是这样想:“一切事没有我都不行,你看我生了病,她们就漫无纪律。我病愈时要叫他们知道我的厉害!”她平素是一个极好胜的人,病时还常召店伙来听号令。她的目标是胜过旁人和揭发旁人的坏处,她的梦就是这种态度的返照。

梦大半是一种比喻(analogy)。有一位妇人因为恋爱她的姐夫,心境冲突的结果发生一种神经病。极容易动气,又常为自杀念头所祟。有一夜她做了这样的梦:“我在一个跳舞场里,穿着很标致的蓝色衣服,头发也梳得很漂亮,和我跳舞的是拿破仑。”这个女人名叫路易斯(Louise)。拿破仑的后妻也叫路易斯,他因为要娶路易斯，才和他的前妻约瑟芬（Josephine）离婚。如果依弗洛伊德，我们可以把这个梦看做性欲的表现，她似乎想她的姐夫做拿破仑，丢开她的姐来娶她。但是阿德勒说不然。病人心中只是要胜过她的姐，并非实在钟爱她的姐夫。她的姐夫比拿破仑因为她的"在上意志"不允她降格去应酬一个寻常男子。

精神病治疗 阿德勒对神经病原言之颇详，而对于治疗法则嫌简略。我们前已说过神经病之发生，由于病人对于自己和世界的估价都错误，把自己看得过高，把自己的缺陷看得过大，把幻想的目标定得太远。医生的第一步工作是应该从病征中寻出病人的"幻想的目标"所在，然后解释给他听，使他自己明了他的致病之由，使他对于现实有较精确的了解，对于自己与世界有较精确的估价。换句话说，阿德勒的治疗法不外打破病人的幻梦，叫他从空中楼阁还到现实界来。

教育的重要 医病不如防病。这话从阿德勒的观点看，尤其正确。所以他特别重视教育，尤其是家庭教育。许多精神病都伏源于幼稚时期，而其咎大半都在父母。父母养育子女，不失之过严，则失之过宽。失之过严，子女于是在无意中变成悲观者，对于自己以外的人物都怀着仇视与妒忌，所以预悬一幻想的优胜目标，目标太远不可跂攀，于是借神经病为脱卸责任的借口。失之过宽，子女也变成妄自尊大者，处处都用横强霸道，要他人事事都如己意。这种娇生惯养的子女以后离开家庭到社会里去，也还希望社会像家庭一样合他的脾胃，稍受屈辱，便觉到"在上意志"和"缺陷情感"的冲突，其结果也往往为神经病。所以阿德勒以为为父母者都应懂得儿童心理，然后待遇子女，才可以宽严合度，既不压抑"在上意志"，也不引起过度的"缺陷感觉"，则子女的精神自然健康。

阿德勒在他的《了解人性》一书中把这个道理说得最详。

个别心理学的态度 阿德勒不很依赖心理分析，他叫自己的心理学为“个别心理学”（individual psychology）以示区别。他主张研究心理学，不应纯取客观态度而泛论因果，应该着重主观的目的。主观的目的人各不同，所以研究者应取各个人的心理经验史来做研究对象。比如我们看见一个人在那儿跑。跑这一个行为不能仅用反射动作解释。有人为着逃难跑，有人为着寻乐跑，我们所看见的人究竟为什么跑呢？这个问题在心理学上是极重要的。要回答它，我们须把这个人的个别生命史知道清楚。知道他的生活路径何在，然后才可断定这“跑”的动作与生活路径的关系如何。以反射动作解释“跑”，是囿于因果律的心理学之任务；以生活路径解释跑，是个别心理学的任务。

阿德勒的学说和弗洛伊德的学说一样，都是新创的；惟其是新创的，所以一眼看去，似近离奇牵强。但是如果读他自己著的书，看他广征博引，言之凿凿，又不能不承认他的话纵然有些过火，实含有若干真理。

阿德勒学说的批评 弗洛伊德在他的《心理分析运动史》中对阿德勒的学说大肆攻击。他否认性欲是“在上意志”的变相。他说，“让我们来研究关于儿童欲的一个极重要的情境，就是儿童窥察成人性交的习惯。这种儿童的生命史后来如果经过医生分析，便可见出儿童窥察性交时心中存有两种情感：一种是（就男孩说）把自己放在男子的地位，而另一种是把自己放在女子的地位。这两种情感合起来才能尽窥察性交的旨趣。只有第一种情感才可以摆在‘男性的抗议’项下，如果这个名词不是毫无意义。第二种情感对于后来神经病的影响还较大，而阿德勒则把它一笔抹煞了”。麦独孤对于阿德勒的批评也颇类此。他说人生来就有两种倾向，一是自尊（selfassertion），一是屈服（submission），前者是“积极的自我情感”（positive self-feeling），后者是“消极的自我情感”，二者对于性格之发生同样重要。阿德勒没有顾到“消极的自我情感”。

弗洛伊德又谓神经病不尽由于器官缺陷。他见过许多患神经病的女子比常人还更美丽，而许多丑恶残弱者也并不流为神经病。从此可知阿德勒的话不可尽信。而且如果一切都如他所说，则世界全是竞争舞台，人与人相仇视，相妒忌，而恩爱便无从而来。这也是阿德勒学说的缺点。

弗洛伊德派学者嘲笑阿德勒的心理学，往往说它是阿德勒自己的心理之表现。他知道缺陷器官可以影响性格，因为他自己身材短小；他以为各个人都受“在上意志”驱遣，因为他自己常妒忌他的先生独享盛名。这种批评虽带有嘲笑趣味，可是很可以助我们懂得阿德勒。

我们平心而论，弗洛伊德偏重性欲，阿德勒偏重“在上意志”，都未免各走极端，可是双方也都见到一面真理。我们不可因为它们的话很离奇，而便斥为荒谬。

第九章　普林斯

英美派　近代变态心理学有两大潮流，一为着重潜意识现象的法国派，一为着重隐意识现象的弗洛伊德派，既如上述。这两大潮流都发源于欧洲大陆。英美学者对变态心理学的贡献虽亦斐然可观，但是他们的工作大半是发挥的，不是创始的。所以严格的说，英美派只是上述两大潮流的余波。英美派最重要的代表为普林斯、芮孚司和麦独孤三人，拿他们和欧洲大陆学者比较，有一个极鲜明的异点。大陆学者大半是以医生去研究变态心理，而英美派三大代表虽也都是医生，但是都以心理学家的资格去研究变态心理。因此，英美派学者能把变态心理学纳入范围较大的"心理学"里去，而大陆派学者则藐视"经院式"的心理学，没有把变态心理学和常态心理学的关系指点出来。所以麦独孤提议称英美派变态心理学者为"心理学派"(psychological school)。

英美派三代表中最重要的自然是美国人普林斯。他的著述极富，以《无意识》及《一个人格的分裂》两部为最重要。他可以说是继承法国耶勒的，因为他也特重潜意识现象，而解释潜意识也是用"分裂作用"。他的最大的贡献在说明"并存意识"(co-consciousness)。要懂得他所谓"并存意识"，我们须先明了他的记忆说。

记忆的阶段　通常所谓"记忆"(memory)大半专指印象的复现。普林斯说，印象的复现只是记忆的最后阶段。记忆是有历程的作用(process),须有三阶段。第一阶段是“登记”(registration),第二阶段是“保留”(conservation),第三阶段才是“复现”(reproduction)。比如我记得昨天所看的蔷薇花,看时印象须“登记”在脑里,而且要在脑里“保留”住,此刻它才能“复现”。三者缺一都不能成为记忆。印象(或观念)是心理作用的产品,而“保留”时则暂时失其“心理的”性质而专附丽于生理的“神经痕”(neurogram)上。后来情境凑巧,“神经痕”受刺激,则原来潜在的观念变为实在的观念,于是记忆作用乃完成。

意识的记忆和生理的记忆　通常心理学家把“记忆”看做完全属于意识的,普林斯则不谓然。意识所察觉到的“观念”固可登记、保留和复现,意识所不能察觉的经验也可以登记、保留和复现。比如我此时记忆昨日和人争辩的经过,不特昨日所意识到的情感和观念此时都在意识中复现,昨日所未曾意识到的伴着情感的生理变化,如血液循环的变迁和各种血液的流动等等,此时也还伴着复现的情感而复现。普林斯把前者称为“意识的记忆”(conscious memory),后者称为“生理的记忆”(physiological memory)。意识的记忆受高等神经中枢管辖,生理的记忆则受脊椎神经管辖,二者功用虽不同,而所本原理则一。

何谓无意识　普林斯着重“神经痕”的保留作用,因为要借以解释“生理的记忆”;他着重“生理的记忆”,因为要借以解释潜意识现象。他把“潜意识”(the subconscious)分为“并存意识”(the coconscious)和“无意识”(the unconscious)两种。“并存意识”待下文详解。“无意识”包含两大成分,一为曾在意识中而现在保留于神经痕的经验,一为始终不入意识境界而只保留于神经痕的经验,换句话说,“无意识”就是未到“复现”阶段的“意识的记忆”和“生理的记忆”的全部。

联络作用 “记忆”与“联络作用”(association)是相关的。从前心理学家说到联络作用,其意都仅指观念之联络,所以在中文中联络作用通常都称“联想作用”。“联想”自然是高级神经中枢的作用。普林斯以为联络作用在低级神经中枢中也可同样进行。所以意识不曾察觉到的经验也可以在神经系统中和其他类似经验相联络。换句话说,意识中也可以有系统(system),也可以有所谓“情意综”(complexes),而这种“情意综”也可以独立发展。

心理学上的意义 “意义”(meaning)是联络作用的产品。独立的观念决不能有意义。比如说,你问我“甲是什么”?我回答说,“甲就是甲”,你对于“甲”的意义仍是茫然。“甲”观念如果要有意义,必须和“乙”“丙”“丁”诸观念生关系。比如说“甲是乙的父亲”,或者说“甲是丙的原因”,“甲”就有意义了。心理学上的“意义”和名学上的“意义”须分别清楚。名学上的“意义”是客观的,是普通的,而心理学上的意义则为主观的,同是一件事物,你和我所有的意义不必相同。比如有一条蛇在这里,甲把它看做“爬虫类动物,可以取来解剖的”,乙把它看做“曾经咬过人的动物,是不可向迩的”,丙把它看做“性欲的象征”。各人所见不同,因为各人的过去经验不同。意义就是过去经验的缩影。过去经验就是意义的背景(setting)。我们也可以说,各人所有的意义不同,因为兴趣不同,因为反应方法不同。所以“意义”是含有情感成分的,不仅是关于知的,也是关于行动的。

我们何以要解释“意义”呢?因为懂得“意义”,然后才可懂得潜意识。“意义”在普林斯的心理学中和“来比多”在弗洛伊德的心理学中几同样重要。弗洛伊德以“来比多”解释者,普林斯则以“意义”解释之。

意义和符号　“意义”虽是过去经验的缩影，而过去经验使某观念发生“意义”时，它并非全部的复现于意识中。比如望梅而思及止渴，心中不但把临时所感触到的形式忽略过去，即已往对于梅所有的经验也只隐隐约约的复现于记忆里。所以“梅”的观念，只是“梅”所含“意义”的符号，每顷刻的意识是全体经验的符号。换句话说，每顷刻的意识虽甚窄狭，而它所指的“意义”则甚宽泛。

何谓潜意识　每顷刻中某情境或某事物的意义只有小部分占住意识中心，其余大部分都在意识的边缘（fringe）。何者在中心，何者在边缘，则随当时情境所引起的兴趣为转移。在边缘的意识也有深浅浓淡的分别。离中心愈远，则意识愈稀薄。顺次降下，到最后必抵边缘以外。边缘以外为“无意识”。中心意识有自觉（selfawareness），边缘意识无自觉。普林斯所谓“潜意识”乃统括边缘意识和边缘以外的无意识而言。

第二意识　边缘意识是普林斯所特别注意的，而且是很费解的现象。说它是“意识”么？它是自我临时所没有察觉到的。说它不是“意识”么？而它又可用催眠术召回到记忆中来。比如我陪一个女子喝茶谈话，过后你问我她穿的衣是怎样形式颜色，我不曾注意到，所以不能回答你。可是如果你把我催眠了（这就是说使我的中心意识暂时失其作用），则我有时可以把她的衣服描写得一字不差。这可证明边缘意识当时虽不为自我所察觉，而却仍不失其为意识；不然，它决不能在催眠状态中复现于意识，普林斯称这种边缘意识为“第二意识”（secondary consciousness），而中心意识则为“第一意识”（primary consciousness）。

并存意识的例　第二意识就是“并存意识”之一种。或者说精密一点咧，就是“并存意识”的萌芽。普通人都有“并存意识”，因为意识的综合力强，“并存意识”附属在“第一意识”之下，不独立露头角，所以有而不觉其有。在心理有变态的人中，“并存意识”往往因分裂作用(dissociation)而脱离了“第一意识”独立营生，于是有种种病态。最普通的例是迷狂症的部分麻木。比如说麻木的部分是皮肤，你用针刺病人，他也毫不觉得，虽然你叫他极力把注意力集中在被刺部分。可是如果你把他催眠了，他就记起针刺的感觉，他就记起针刺时心中有两重意识，被针刺的经验只印入“并存意识”，这个“并存意识”当时虽不为自我所察觉，而现在催眠中则因“第一意识”失作用而得复现。如果不用催眠，用“自动书写”(automatic writing)，也可证明“并存意识”之存在。摆一枝笔在病人手里，同时用针刺他，他的意识中虽没有痛感，而手则在写被针刺的经验，他既能描写，就非“无意识”。后催眠的暗示也是一个“并存意识”的好例。你告诉受催眠的人说“你醒后须得做这件事做那件事”，他醒后果然照办；可是你如果问他何故做那件事，他也莫明其妙，有时他能因后催眠的暗示做很复杂的举动，自然不能不用意识，可是这种意识是分裂开来的“并存意识”，所以自我不觉其存在。

三种可分裂的系统　普林斯分联络系统(systems)为三种，而每种都可因分裂作用而脱离第一意识。(一)我的兴趣是多方的。(1)研究变态心理，(2)打网球，(3)经理某店铺的生意。这三项事性质不同，我对于每项所用思考，所感情绪，所发动作，都各不相同。所以每项在我的心理生活中都自成系统，就是普林斯所谓“主者系统”(subject systems)。在心理健全时，我可以把三种活动综合在一块，使它们并行不悖。但是在心理起变态时，我可以因分裂作用而把某一系统(比如说打网球)完全遗忘。普林斯所诊治的Miss Beauchamp本来精通法文,在她病症发作时,对于法文的知识完全忘记,是一个好例。(二)我有一个时期做学生,有一个时期经商,有一个时期陪朋友在外国游历。这几个时期的经验常因时间接近的关系而各自成系统,就是普林斯所谓"时期系统"(chronological systems)。时期系统也可因分裂作用而被遗忘。例如J夫人在9年前曾经过一次精神上的大激动,现在受了催眠,把这9年中的经验都完全忘记。(三)上述两系统以外又有"情趣系统"(mood systems)。各个人生来就有一种自然倾向,就有一种"脾胃"。他的希望和活动在无形中都受这种自然倾向影响。但是有时他所处的地位,所做的事业或与他的脾胃不相容,比如他本来好浪漫生活,因为做了牧师,不得不摆起堂堂道貌。在变态心理中这种"情趣系统"可以因分裂作用而另成一重人格。比如博向女士本来是严肃沉静的,到第二重人格出现时便异常粗暴浮躁。

分裂的原因　迷狂症、睡行症和多重人格中的分裂作用都不出上述三种。现在我们要问:心理上何以要起分裂作用呢?我们在第四章中已说过耶勒的答案。在耶勒看,分裂作用,犹如心力水平线之低降,与意识的综合力之薄弱。精神病都起于激烈情感之后,就因为激烈情感最耗费心力。普林斯对于此说颇置疑。患精神病者并不完全缺乏综合力。如果完全缺乏综合力,则所有系统都应分裂成为一盘散沙。但是征诸事实,则殊不然。比如患两重人格者,两种人格虽分裂,而第一重人格和第二重人格中所含系统仍各综合在一块。换句话说,全人格虽分裂为第一重人格和第二重人格,而第一重人格和第二重人格自身则都没有分裂。这件事实显足证明分裂作用不能用综合力薄弱之说解释。

冲突作用　普林斯所用以解释分裂作用者为“冲突”（conflict）或“排挤”（inhibition）。心无二用，听奕秋便不能看鸿鹄，看鸿鹄便不能听奕秋。这两种活动互相冲突，非甲排挤乙，则乙排挤甲。“排挤”现象在情感发动时尤其剧烈。比如发怒时，全副精神都注在一个对象上，听不见四围的声音，看不见四围的人物，就是自己身体器官的变化，也完全不觉得。平时讲礼貌，怒时顾不及礼貌，平时讲理性，怒时也顾不及理性。总之，怒的情感把其他一切情感都排挤去，所怒的人或物的观念把其他一切观念都排挤去。由此例推，情感愈激烈，意识范围（the contraction of consciousness）愈缩小到极点时，只有一个观念占住意识，这种状态术语上叫做“独存观念”（monoideism），是迷狂症的特征。

这种排挤只是暂时的。有时排挤现象是很长久的。比如兵士们把侵略争斗的本能尽量发达，最后成了习惯，其他本能情感如恻隐畏避等等遂逐渐消灭。再如虔信宗教的人尽量发展宗教情感，以后与宗教无关的事物便不能引起他的兴趣。习惯和情感都是长久的心理作用，习惯和情感的养成，就是排挤作用的进行。

排挤何以必致分裂　“排挤”何以必致“分裂”呢？换句话说，甲将乙排挤去，乙何以仍能独立营生，而且有时还可逐甲而夺回意识阈呢？

本能的排挤和情操的排挤　这里我们应说明本能的排挤和情操的排挤的不同。本能很少完全被排挤。如果它完全被排挤，它便难再见天日。因为本能是单纯的冲动，被排挤就是被毁灭，不能留“神经痕”为复活的伏线。情操是情感和观念的混合物。凡观念都留有“神经痕”。所以情操虽被压抑，而附丽于情操的情感还可以依附情操所包含的观念而潜在于“神经痕”。后来它的排挤者如果因某种情形而失却势力，则情操还可因观念复现而复现。情操被排挤后，有潜在及复现的可能，就是分裂作用的可能。

潜意识的扩大　单独情操被排挤，还不能形成第二重人格，它只是第二重人格的雏形。普林斯定了一条很重要的原则，就是，“凡被排挤的情操、机能或观念可吸收其他类似相关的情操、机能或观念而增长滋大。”潜意识好像常常“掠夺”意识以自肥。因此意识范围愈缩小，潜意识范围愈扩大。

例一　我们最好举一实例来说明这个原则。普林斯尝用催眠暗示，使一位病妇把一位名为 August 的男子忘记。在英文中 8 月份也叫做 August（她所要排挤的只是人名 August），可是后来她连月名 August 也忘记了，问她 7 月以后 9 月以前的月名，她瞠目不知所对。在此例中，潜意识中人名 August，把原在意识中的月名 August“掠夺”去了。诸被排挤的情操、机能或观念以类相聚，成新系统，复“掠夺”意识中类似相关的情操、观念或机能以自肥，久而久之，遂形成两重人格或多重人格。

例二　情感过度激烈时，心中只有一个观念，其余一切都被排挤去，于是意识分裂为两重。以后情感降下，被排挤的观念、机能和情操又从遗忘中涌回到记忆中，而原来排挤者遂变为被排挤者。所以初生精神病时的一段生活史在当时虽极热烈鲜明，而在精神复原时则完全被日常意识排挤到潜意识里去。病人常忘记生病的经过即由于此。普林斯尝治一个怕见钟楼的病妇，问她何以要怕钟楼，她完全不知道。他仔细研究，发见这个病源远伏在 25 年以前。那时她才 15 岁，她的母亲患重病，医治无效。病室旁边有一座钟楼。她的母亲临死时，适逢钟鸣。钟声和当时的悲感发生了联想。她的心中又有一种幻想，以为母亲的死应归咎于她的侍奉不周到。以后她不愿回想这一段痛史,所以把它忘记。但是母死时情况虽忘记,而哀感则依旧存在,依旧和钟声生联想。这个关系有如下图:

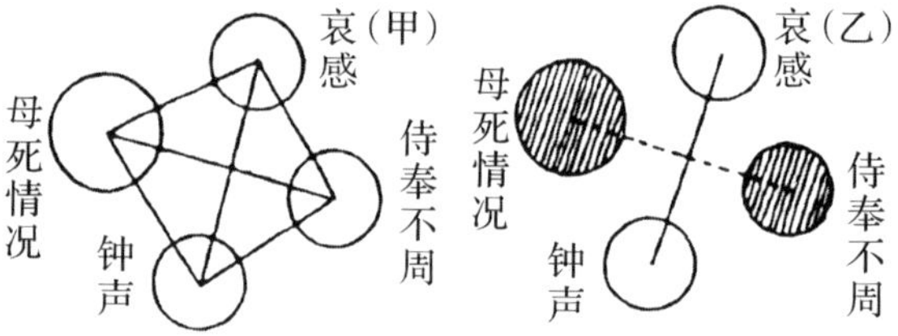

甲图代表精神病发源时情感与观念的关系。乙图代表分裂作用后的情感与观念的关系。病人怕想起“侍奉不周”,所以把“母死情况”完全忘记。“侍奉不周”和“母死情况”的观念与情感遂在潜意识中自成一系统,而原来哀感则依附钟声的观念而存在,所以听钟声虽不能回忆母死情况而却可引起母死时的哀感。

精神病似后催眠暗示　这种现象,如从弗洛伊德的观点看,是由于压抑作用。“侍奉不周”是一种罪恶意识,是引起痛感的记忆。想起“母死情况”,不免想起“侍奉不周”,所以意识作用故意把它们压抑下去。普林斯所谓“冲突”和弗洛伊德所谓“压抑”似相同而实有别。据弗洛伊德,意识既可以检察隐意识,则二者之中实在仍无裂痕;据普林斯,主意识和副意识既分裂,此出则彼没,好像是遵照“两物不能同时存在于一空间”的物理定律一样,并非有意互相压抑,更谈不上“检察”。遗忘悲痛记忆一类的病症,普林斯以为类似“后催眠暗示”。行后催眠暗示时,告诉受催眠者说,“你醒后须打开某书某页”。他醒后果然照行,可是他对于催眠中所受命令并不记忆,问他何以要打开某书某页,他自己是莫明其妙的。照普林斯看,催眠中所暗示的一个观念(即打开某书某页)在潜意识中把关于催眠经过的观念一齐排挤去了。换句话说，受催眠者承受暗示观念时，注意专一，其他观念都不在心头，所以暗示的观念没有和其他观念发生联络。二者之中既无联络，所以甲复现时，乙不能复现。患精神病者的悲痛记忆，也和后催眠暗示之观念一样，和其他经验不联络，所以像参商二星，此出则彼没。

一个多重人格的实例 以上仅述学理，现举一个实例来说明。普林斯的学说，完全根据他所诊治的博向女士（Miss Beauchamp，以后简称 B）的生命史。现在揭述其要。

B 在幼时遭遇极不幸。父母不和。她虽然极力博母亲的欢心，而母亲待她常极苛刻。她尝遭家庭变故，母亲死后，她更觉得家庭乏趣，所以私逃到一个医院里去当看护妇。在她 18 岁时（1893），有一夜大风暴，她坐在看护妇室里，猛然看见窗外有人伸头探望。她初以为只是幻觉，但是仔细一看，发见伸头的人就是她的爱人 J 君。原来 J 君并不住在那个镇上，那晚到纽约去，路经此地，随意走到医院门口，看见旁边靠有梯子，便翻过墙进来探望。大风雨之夜突如其来的男子面孔，本可叫神经衰弱的女子受惊。何况她平时很纯洁自好，和 J 君也只有一种“柏拉图式的爱”，J 君这种举动又是她的良心所不允许的呢！结果，她经过一番极强烈的情感激动，以后她的性格便完全变过，较从前恍若两人。

这个新性格保持到 6 年之久（18 岁至 23 岁）。她就诊于普林斯就在这个时期之末（1898）。他把这一个时期 B 的性格简称为 BI。

普林斯用催眠术来疗治她。在催眠状态中 B 的性格与 BI 无大差异。他把催眠状态中的 BI 叫做 BIa。

但是后来在较深的催眠状态中 B 又露出另一个新性格，与 BIa 完全不同。BIa 只是 BI 受了催眠，而这个新性格则与 BI 相反，而且不在催眠中也常出现。在 B 这第三期状态中自称为 Sally，而称 BI 则为“她”，把她看做不是自己而另是一个人。普林斯称 Sally 为 BIII。此后 BI 和 BIII 常相更班交替，此来则彼去。

可是 B 的性格变化还不仅如此。她在 24 岁时（1899），即就诊的第二年，有一晚普林斯去看她，她忽然把他误认为 7 年前使她受惊的 J 君。这种幻觉又叫她经过一番情感上的激动，而 B 又露出一个叫做 BIV 的新性格，与 BI 和 BIII 都不同。此后 BI，BIII，BIV 三重人格互相更班，一个现在意识阈则其他两个便退到潜意识里去。BIII 常讥嘲 BIV，说她是“傻子”。

总而言之，B 女士现有三重人格。一为 BI，一为自称 Sally 的 BIII，一为 Sally 给诨号叫“傻子”的 BIV。现在把这三重不同的人格略加描写。

普林斯称 BI 为“圣人”（saint）的性格。她很虔信宗教，刻苦自励，虽不好社交而却温文有礼，不易动气。她在学校里成绩最好，得了奖品，觉得自己更应特别用功，教师们劝她游戏，她总是不肯丢开书本子。

BIV 所具的是“女人”的性格。她性情很暴躁，稍不如意，便和人争吵，她很自私自利，而且野心很大，好社交，喜活动，对于宗教和学问，丝毫不感趣味，与 BI 恰相反。就体格言，BI 很脆弱，易感疲倦；BIV 则极强健，很能耐劳。

BIII 或 Sally 所具的是“孩子”的性格，她极好玩，对于游水、踢球种种户外运动特别起劲，她很粗俗不知礼貌，欢喜恶作剧，比如称 BIV 为“傻子”。B 原来受过很高的教育，通拉丁文和法文，Sally

则完全是一个没有受过教育的女子，拉丁文和法文都不知道。B平时写字很清秀，Sally的笔法则很粗拙。

B已有三重人格，后BIV受深催眠，又另有一重人格出现，普林斯称之为BII。就性格论，BII是BI和BIV综合而成的。她（BII）一方面没有BI的羞涩颓丧和宗教热，而另一方面也没有BIV的暴躁轻浮和自私。她处世很和平坦白，言动也自然合度。总之，她兼有BI和BIV的优点而没有她们的劣点。至于Sally或BIII的性格在BII中完全没有痕迹，这就是说，BII现于意识时，BIII整个的退到潜意识里去。

这四重人格的彼此关系最值得注意。BI和BIV漠不相识。B为BIV时对于BI出现时代（18岁至23岁）6年的历史完全茫然。她回到BI时，也忘记为BIV时所有的经验。BI和BIV都不识Sally或BIII，而BIII则能识BI与BIV。Sally尝做自传，说自己对于BI和BIV的经验都能记得清楚，只是觉得它们不是自己的。她说："她们的情感和知觉我虽能意识到，可是那些究竟是她们的。我自己的意识之流和她们是绝不相混。"BII和其他三重人格的关系也很有趣。她意识到BI和BIV的经验，而BI和BIV则不能意识到她的经验。她不能意识到BIII的经验，而BIII则能意识到她的经验。这几重人格的相互关系初看颇复杂易混。看下图较易明了：

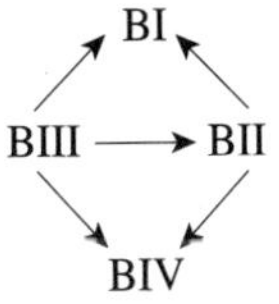

图中→号表示意识的方向，例如BIII→BII，即谓BIII能意识到BII的经验，而BII则不能意识到BIII的经验。

普林斯把 BII 看作 B 的真相。BII 经过分裂作用而后有 BI 和 BIV。B 的精神病就由于 BI 和 BIV 不能和翕。BI 和 BIV 复合为 BII 以后,则 B 的精神恢复常态。普林斯以为医生的任务即在由分裂的人格中求出原来健全的人格,换句话说,即在把已分裂的两重或多重人格综合还原到一重人格。

我们没有解释 BIII。BIII 或 Sally 是如何发生出来的呢?我们上文已说过 BIII 是"孩子"的性格。普林斯以为 B 在孩子时,BII 尚未形成,其性格为 BIII。BII 既形成以后,BIII 的孩子气与 BII 的成人心理不相容,所以退后于潜意识里去了。如果 BII 不分裂,BIII 永无出头希望。BII 既分裂,原来排挤 BIII 的性格不复存在,所以 BIII 又常露头角。BI 和 BIV 复合为 BII 时,排挤 BIII 的力量又还原,所以 BIII 遂不复出现。

普林斯学说的批评 就大体说,普林斯的思路是和耶勒一致的。他们的学说中心同是"分裂作用"。普林斯又新添"并存意识"一个概念。这个概念也有许多难点,麦独孤(见 Proceeding of Society of Psychical Research, vol. XIX 和 vol. XXXI)和密琪尔(见 T. W. Mitchell's Self and Co-consciousness,载在 Problems of Personality 中)诸人已详细讨论过。我们最好就上例来说明这种难点。

BI 和 BIV 可以说是从 BII 分裂出来的,而 BIII 则不能称为分裂作用的结果,因为 BIII 根本就没曾和 BII 联络在一气。如果执"分裂作用"一条原理以解释一切,BIII 如何生展,就不免有些费解。

其次,诸重人格的关系何以不同?我们已说过,BI 和 BIV 互不相识,此出则彼没这种现象是可以分裂作用解释的。BIII 能意识到 BI 和 BIV 的经验,而 BI 和 BIV 则不能意识到 BIII 的经验。从 BI 和

BIV 的观点看，BIII 可以说是分裂开来的；从 BIII 的观点看，BI 和 BIV 很难说是分裂开来的，这也是一个大难题。

不仅如是。BIII 能意识到 BI 和 BIV 的经验，而又觉其非已有。普林斯把这件事实看作“并存意识”的证据。但是两个意识如可同时并存，它们的“主者”或“自我”（subject or ego）是一个还是两个呢？换一句话说，B 女士为 BIII 时，自然能意识到 BIII，而同时又意识到 BI 和 BIV，意识 BIII 的“自我”是否与意识 BI 和 BIV 的“自我”相同呢？如不相同，则吾人不仅可有多重人格，而且可有许多“自我”。承认一人可有许多“自我”，不免引起许多难解决的问题。如相同，则普林斯的中心意识有自觉而边缘意识无自觉之说不能成立。严格说来，有意识必有意识者，有“觉”（awareness）必有“自”（self），无自觉的意识是一个自相矛盾的名词。

附录 一

参考书籍

第二章

1. J. M. Charcot:*Oeuvres completes.* (Chateauvoux, Paris, 1885—1890)

2. A. A. Liébeault:*Du Sommeil et des états analogues.* (Paris, 1866)

3. A. A. Liébeault:*Thérapeutique Suggestive.* (Paris, 1891)

4. Bernheim:*De la Suggestion et de ses Applications à la thérapeautique.* (Evreax, Paris, 1886)英译本 by C. A. Herter. (London, 1890)

5. Bernheim: *Hypnotisme*, *Suggestion*, *Psychothérapie*, études Nouvelles. (Doin, Paris, 1891)

6. P. Janet:Médications Psychologiques Part II.

第三章

1. E. Coué:*My Method.* (Heine Mann, London, 1923)

2. E. Coué:*Self-Mastery.* (Allen & Unwin, London, 1923)

3. Charles Baudouin: *Suggestion et Autosuggestion.* (Neuchâtel, Paris,

1920)英译本 by Paul. (Allen & Union,1924)

4. Charles Baudouin: *études de Psychoanalyse*. (Neuchâtel,1992)英译本(同上,1992).

5. Charles Baudouin:*Psychoanalysis and Aesthetics*. (Paul 译,同上,1924)

第四章

1. Pierre Janet:*L'automatisme Psychologique*. (Paris,1889)

2. P. Janet:*Etats Mental des hystériques*. (Paris,1895)英译本 by C. R. Corson. (New York 1910)

3. P. Janet:*Les M'edications Psychologiques*. (Alcan,Paris,1919)英译本"Psychological Healing" by Paul. (Allen & Unwin,1925)

4. P. Janet:*The Major Symptoms of Hysteria*. (New York,1920)

5. P. Jenet:*Psychologie Expérimental et Comparée*. (Paris,1926).

第五章、第六章

1. Sigmund Freud:*The Interpretation of Dreams*. (Brill 译, Allen & Unwin,1913)

2. S. Freud:*Psychopathology of Everyday Life*. (Brill 译,Fisher & Unwin,1914)

3. S. Freud:*Introductory Lectures on Psychoanalysis*. (Allen & Unwin)

4. S. Freud:*Three Contributions to The Sexual Theory*,2nd Edition. (New York,1917)

5. S. Freud:*Totem and Taboo*. (Brill 译,London,1919)

6. S. Freud:*Wit and its Relations to the Unconscious*. (Brill 译,Allen and Unwin,1922)

7. S. Freud:*Group Psychology & the Analysis of the Ego*. (Hogarth Press,1922)

8. S. Freud:*Beyond The Pleasure Principle*. (London,1922)

9. S. Freud:*Collected Papers*,Vols I—IV. (Hogarth,1924—1925)

10. S. Freud: *The History of the Psychoanalystic Movement.* (Brill 译, New York, 1917)

11. F. Whittels: *Sigmund Freud.* (Allen & Unwin, 1924)

第七章

1. C. G. Jung: *Psychology of the Unconscious.* (Hinke 译, New York, 1916)

2. C. G. Jung: *Collected Papers on Analytic Psychology.* (C. E. Long 译, London, 1917)

3. C. G. Jung: *Psychological Types.* (Baynes 译, London, 1923)

4. Van de Hoop: *Character and the Unconscious.* (Kegan Paul, 1923)

5. J. Corrie: *A. B. C. of Jung's Psychology.* (Kegan Paul, 1927)

第八章

1. Alfred Adler: *The Neurotic Constitution.* (Kegan Paul, 1921)

2. A. Adler: *The Practice & Theory of Individual Psychology.* (Kegan Paul, 1924)

3. A. Adler: *Studies in Organ Inferiority.* (Jelliffe 译, New York, 1920)

4. A. Adler: *Understanding Human Nature.* (Wolfe 译, London, 1927)

5. Mairet: *A. B. C. of Adler's Psychology.* (Kegan Paul, 1928)

第九章

1. Morton Prince: *The Dissociation of a Personality.* (Longmans, 1906)

2. M. Prince: *The Unconscious.* (Macmillan, 1924)

3. M. Prince: *The Theory of the Psychogenesis of Multiple Personality.* (Journal of Abnormal Psychology, 1920)

4. Taylor: *Morton Prince and Abnormal Psychology.* (London, 1928)

附录　二

一个简要的书目

(甲)本编所已介绍者

1. Bernheim: *De la Suggestion et de ses Applications à la therapeutique.*
2. Baudouin: *Suggestion et Autosuggestion.*
3. Janet: *Les Médications Psychologiques.*
4. Janet: *The Major Symptoms of Hysteria.*
5. Freud: *The Interpretation of Dreams.*
6. Freud: *Introductory Lectures on Psychoanalysis.*
7. Jung: *Collected Papers on Analytical Psychology.*
8. Jung: *Psychological Types.*
9. Adler: *The Practice and Theory of Individual Psychology.*
10. Adler: *The Neurotic Constitution.*
11. Morton Prince: *The Unconscious.*
12. Morton Prince: *The Dissociation of a Personality.*

(乙)本编所未介绍者

1. K. Abraham: *Dream & Myths.* (Nervous & Mental Disease Publishing

Co. New York, 1913)

2. A. Binet: La Suggestibilité. (载 *Bibliothéque de Pédagogie et Psychologie*, Paris, 1900)

3. A. A. Brill: *Psychoanalysis.* (Saunders, London, 1914)

4. Campbell & others: *Problems of Personality.* (Kegan Paul, London, 1925)

5. S. Ferenczi: *Contributions to Psychoanalysis.* (Gorham Press, Boston, 1916)

6. J. C. Flügel: *The Psychoanalytic Study of the Family.* (Hogarth Press, London, 1912)

7. B. Hart: *The Psychology of Insanity.* (Cambridge Press, 1919)

8. E. Jones: *Papers on Psychoanalysis.* (Baillière Tindall & Cox, London, 1918)

9. E. Kraepelin: *Lectures on Clinical Psychiatry.* (同上, 1913)

10. W. McDougall: *Outline of Abnormal Psychology.* (Mathven, London, 1926)

11. T. W. Mitchell: *The Psychology of Medicine.* (同上, 1921)

12. Otto Kauk: *The Myth of the Birth of the Hero.* (Nervous & Mental Disease Publishing Co., New York, 1926)

13. W. H. R. Rivers: *Instinct and the Unconscious.* (Combridge Press, 1922)

14. B. Sidis & S. P. Goodhart: *Multiple Personality.* (Appleton, New York, 1919)

15. W. S. Taylor: *Reading in Abnormal Psychology.* (同上, 1927)

16. W. Trotter: *The Instincts of the Herd in Peace and War.* (Macmillan, London, 1916)

17. W. A. White: *Outline of Psychiatry.* (Macmillan, New York, 1925)

18. *The Unconscious: A Symposium by Watson, Koffka & Others*, Editied by Dummer. (New York, 1927)

19. *The International Journal of Psychoanalysis.* (Baillièrc, Tindall and Cox, London)

20. J. Rickwan: *Index Psychoanlyticus*: 1893—1926. (Hogarth Press, London, 1927)

朱光潜先生学术年表*

1897 年(清光绪二十二年九月十九日)

10 月 14 日生于安徽桐城县阳和乡吴庄(今属于安徽枞阳县麒麟镇岱鳌村吴庄)一个破落地主家庭。名光潜,字孟实。“孟”系兄弟行辈居长之义,“实”乃取诚实、踏实、求实之义。这是朱光潜后起的名。根据吴汝纶作序的《朱氏宗谱》(第八修)记载:朱光潜原名朱来润,字润霖。

祖父朱道海,名文涛,字维桢,号海门,弟兄排行第二,为清贡生,和吴汝纶有交谊。父亲朱延香,名若兰,字子香,号黼卿,弟兄排行第四,业儒。母亲左东宜。兄弟三人,二弟光澄,三弟光泽。

1903 年(清光绪二十九年)

随父入私塾,在父亲的“鞭挞下”从 4 岁到 14 岁“读过且大半背诵过四书五经、《古文观止》和《唐诗三百首》,看过《史记》和《通鉴辑览》,偷看过《西厢记》和《水浒》之类旧小说,学过写科举时代的策论时文”。对《史记》、《战国策》情有独钟,甚至“像《项羽本纪》那种长文章,我很早就熟读成诵”。偶读《饮冰室文集》,始受新学思想影响。

1912 年(民国元年)

入新式小学——孔城高等小学堂。仅读一学期便升入中学。

---

* 本学术年表由宛小平撰写。

1913 年（民国二年）

入吴汝纶创办的桐城中学。该校校训为吴汝纶题："合东西国学问精粹，陶冶而成"，这和朱光潜父亲在家堂屋一副对联："绿水青山任老夫逍遥岁月，欧风亚雨听诸儿扩展胸襟"相映成趣，实为日后朱光潜治学的大方向。桐城中学也特别注重桐城派古文，以《古文辞类纂》、《经史百家杂钞》为范文，强调朗读和背诵。从此他开始模仿欧阳修、归有光的古文风格，有"接古文一线之传"之誉。在国文教师潘季野的青睐下，对中国旧诗养成了极浓厚的兴趣。

1916 年（民国五年）

桐城中学毕业。

1917 年（民国六年）

慕国故而想投考北京大学，因家贫担不起路费，只能就近考入不收学费的国立武昌高等师范学校国文系。对该校师资颇失望，除了圈点一部段玉裁的《说文解字注》，略窥中国文字学门径之外，一无所获。

1918 年（民国七年）

朱光潜应考录取香港大学官费修教育。

1919 年（民国八年）

秋，再试合格，正试入教育系就读。主修教育学、心理学、英国语言文学、生理学和哲学等课程，奠定了一生教育活动和学术活动的方向。朱光潜说他原来兴趣中心第一是文学，其次是心理学，第三是哲学，所指应该就是港大求学期间。朱光潜曾回忆辛博森教授的英国文学课是他对文学热爱的"精神上的乳母"；奥穆先生授课从不拿薪水的崇高师德给他种下了一粒"爱好哲学的种子"，并领悟到一个人安顿自己心灵世界是最最重要的事。

从学中结识同班高觉敷、朱铁苍，三人得到 three wise men 的诨号。与不同文化、不同人种的交往使他开阔了眼界，也学会了“宽容”的处世心态。

1920 年（民国九年）

此时内地正发生“五四”运动。读到《新青年》上胡适等人倡白话文以替代文言，内心受到巨大震动，自认为好似富足商人一夜之间手上的金元全无价值的感觉，因为他也在新文化运动攻击的“桐城谬种”之列，痛定思痛之后，毅然放弃古文转学作白话文。

1923 年（民国十二年）

5 月，《消除烦闷与超脱现实》发表于《学生杂志》第十卷第五期。用艺术超脱的观念摆脱现实的苦闷后来成了他前期美学思想的核心。

夏，香港大学毕业，获文学学士学位。应张东荪之邀任中国公学中学部英文教员，兼校刊《旬刊》主编，兼上海大学逻辑学讲师。

1924 年（民国十三年）

秋，中国公学中学部在江浙战争中被毁，由夏丏尊介绍到浙江上虞白马湖春晖中学教英文。结识朱自清、匡互生、丰子恺、刘薰宇、刘叔琴等人。在朱自清、夏丏尊劝导下始作明白晓畅的说理文。《无言之美》为朱光潜第一篇美学论文，表现了对中国传统美学中含蓄之美的肯定和赞扬。

1925 年（民国十四年）

1 月，因不满春晖中学校长经亨颐的专制作风，与匡互生离开春晖到上海。遂又陪匡互生去北京募款以创办学校。

2 月，与先后离春晖到达上海的夏丏尊、章锡琛、丰子恺、周为群等，再加上海方面的叶圣陶、胡愈之、周予同、陈之佛、刘大白、夏衍等共同创建了立达学园，“立达”取《论语·雍也》“己欲立而立人，己欲达而达人”二语。以示倡导教育独立，合希腊学园与中国书院的办学模式。在匡互生授意下起草立达学园《旨趣》。与夏丏尊、章锡琛、叶圣陶等筹办开明书店和《一般》杂志（后改名为《中学生》）。

夏，考取安徽官费留英。9 月，取道莫斯科赴英国，入英格兰的爱丁堡大学文科。修英国文学、哲学、心理学、欧洲古代史等课程。在爱丁堡大学期间，受哲学教授侃普·史密斯（Kamp Smith）和英文系主任谷里尔生（H. J. C. Gricerrson）影响颇深。

1926 年（民国十五年）

春，发表《中国文学之未开辟的领土》，提出“我们把研究西方文学所得的教训，用来在中国文学上开辟新境，终究总会使中国文学起一大变化的”，实际开启了比较文学的先河。

5 月，作《悼夏孟刚》，对生死问题作了深入的剖析，主张“以出世的精神，做入世的事业”。

1927 年（民国十六年）

在爱丁堡大学期间，在西方研究康德的著名专家侃普·史密斯（Kamp Smith）指导下学习休谟《自然宗教对话录》。开始深入钻研西方哲学。同时，在爱丁堡大学心理学研究班小组讨论会上宣读论文《论悲剧的快感》。得到心理学系主任詹姆斯·屈列维博士（Dr. James Drever）的鼓励，并建议扩充成一部论著。这是后来写《悲剧心理学》博士论文的发端。

1928 年（民国十七年）

7 月，获爱丁堡大学文科硕士学位后毕业。

1929 年（民国十八年）

3 月，《给青年的十二封信》由开明书店出版。此书一版再版，朱光潜从此声名大振。夏丏尊称这是“作者远从海外送给国内青年的很好的礼物”。

“转入伦敦大学学英国文学,开始研究美学,听课少,主要在大英博物馆里读美学书籍,写《文艺心理学》和《诗论》的初稿。”(引未发表的朱光潜《我的简历》)

7月,作《黑格尔哲学的基本原理》。显示其极深厚的哲学功力和极简约的语言表达力。

在巴黎大学注册,偶尔跨海听课,对该校文学院长德拉库瓦(Delacroix)教授讲的《艺术心理学》颇感兴趣,《文艺心理学》或受其启发。

1930年(民国十九年)

4月,《变态心理学派别》由上海开明书店出版。

7月,译著《愁斯丹和绮瑟》(〔法〕柏地耶述,今译《特里斯丹绮瑟》)由开明书店出版。

是午著《符号逻辑》(后散佚)。

1931年(民国二十年)

11月,在法国斯特拉斯堡大学文学院注册。该校是歌德的母校。“转入法国斯特拉斯堡大学,写《悲剧心理学》作为博士论文,此书曾由斯特拉斯堡大学出版社出版,写《谈美》,交《中学生》零星发表。1932年印单行本。”(引未发表的朱光潜《我的简历》)

1932年(民国二十一年)

4月,朱自清赴欧洲游学,朱光潜请他为《谈美》和《文艺心理学》作序。

夏,《谈美》完稿。在伦敦与正在斯特拉斯堡大学学数学的奚今吾结婚,蜜月后返斯特拉斯堡。奚今吾,四川南充一富商的女儿,1927 年秋到巴黎留学,时年 25 岁。

11 月,《谈美》由开明书店出版,成为朱光潜写作最畅销书之一。

1933 年(民国二十二年)

年初,在斯特拉斯堡大学心理学系主任夏尔·布朗达尔教授(Prof. Charles Blondel)指导下完成英文著作《悲剧心理学》,获文学博士学位。夏尔·布朗达尔教授是著名现象学大师勒维纳斯的老师,勒维纳斯 20 年代也在斯特拉斯堡大学学习,可能朱光潜和其有交往。后来作者在中译本序里称《悲剧心理学》为"处女作品",并指出"是《文艺心理学》和《诗论》的萌芽",而且通过这部著作"见知于少数西方文艺批评家"。甚至,作者反省自己的人生观方面实际是受到尼采的影响,而非克罗齐的影响。

"1933 年秋回国,由武昌高等师院老同学徐中舒(当时任历史语言所研究员,在北大兼课)介绍给胡适和傅斯年,任北大西语系教授,回国后头两年忙于备课,和修改《文艺心理学》和《诗论》交书店出版,很少社会活动,后来逐渐应报刊之约写文章,主要是给《中学生》、《大公报》和天津《益世报》写。"(引自未发表的朱光潜《我的简历》)

到北平后,租居后门大街慈慧殿三号,与梁宗岱合居。慈慧殿三号发起、组织"读诗会",每月一至二次,参加者冰心、凌叔华、林徽音、朱自清、俞平伯、杨振声、梁宗岱、冯至、孙大雨、周作人、沈从文、张兆和、叶公超、罗念生、卞之琳、废名、何其芳、李健吾、周煦良、杨刚、萧乾、陈世骧、林庚、王了一、陈西滢、孙毓棠、方令孺、程鹤西、曹葆华等,以及在北京的英国诗人尤连·伯罗和阿立通等。

应徐悲鸿之邀在中央艺术学院讲授《文艺心理学》,同时在北京女子文理学院、辅仁大学兼授英文课。

出版《变态心理学》。

1934 年(民国二十三年)

在北京大学授西方文学批评史。应沈尹默之邀在北平大学授课。

1 月,《中西诗在情趣上的比较》发表于《申报月刊》第三卷第一期。2 月,《长篇诗在中国何以不发达》发表于《申报月刊》第三卷第二期。这两篇可谓“姐妹篇”。对中西诗的各自长短作了深入剖析。

1935 年(民国二十四年)

12 月,《说“曲终人不见,江上数峰看”——答夏丏尊先生》发表于《中学生》第六十期。文中说:“屈原、阮籍、李白、杜甫都不免有些像金刚怒目、愤愤不平的样子。陶潜浑身是‘静穆’,所以他伟大。”鲁迅在《“题未定草”之七》一文中批评了这一观点。

1936 年(民国二十五年)

“1936 年北京‘京派’文人杨振声、沈从文等要创办一个《文学杂志》交商务印书馆出版,他们公推我主编。”(引自未发表的朱光潜《我的简历》)

4 月,《孟实文钞》由上海良友图书印刷公司出版。

5 月,与胡适、顾颉刚、罗常培、容肇祖、沈从文等人发起中国风谣学会。

7 月,《文艺心理学》由上海开明书店出版。该书初稿在留欧时写就,回国后在北大、清华、中央艺术学院用作教材,几经修改,增六、七、八、十、十一诸章。在“作者自白”中表明他从追随康德、克罗齐形式派美学,到怀疑形式派美学割裂了整全的人,转而做“补苴罅漏”的工作。这本书以后一版再版,被公认是建国前写得最好的美学原理教科书。

1937 年(民国二十六年)

上半年在北平。5 月,《文学杂志》创刊。在发刊词《我对于本刊的希望》中说:“我们对于文化思想运动的基本态度,用八个字概括起来,就是‘自由生发,自由讨论’。我们相信文化思想方面的深广坚实的基础是新文艺发展所必需的条件。”

6 月南游上海。7 月返北平。8 月再南下上海,由上海赴成都四川大学任文学院长兼外文系教授。“抗日战争爆发,我应四川大学代理校长张颐(原任北大哲学系主任)之邀,到川大任文学院长。”(引自未发表的朱光潜《我的简历》)

8 月,《文学杂志》第一卷第四期出版后停刊。

是年,发表《读〈论骂人文章〉》、《答复巴金先生的忠告》,与巴金笔战,双方都动了气。

1938 年(民国二十七年)

在四川大学教莎士比亚研究、19 世纪英国散文。

“1938 年秋,伪教育部长任命 cc 系四大金刚之一程天放当四川大学校长,我打着教育自由的幌子,带头反对程天放,闹了三个月风潮,失败了。想到延安,沙汀(成都文艺界的朋友,共产党员)把我的情况报告延安,周扬就给我来信,约我到延安去参观。因为武汉大学外文系约我去,我就没有去延安,转到武汉大学当外文系教授。”(引自未发表的朱光潜《我的简历》)

1939 年(民国二十八年)

在武大中文系讲授《诗论》。

1940 年(民国二十九年)

“头两年只教课。到了 1940 年兼任教务长。伪教育部长陈立夫因为我反对过程天放，向武大校长王星拱施加压力，说我思想不稳，不宜当教务长，王星拱为着敷衍陈立夫，拉我入了国民党，不久就以教务长身份调到伪中训团受了八个星期的训（1943）。（记得同期受训的有华罗庚、杨石先、杨钟键等人，赵毅敏同志当时以地下党员当大队长）。结束时，蒋介石召见过一次，同去的有十几个人。”（引自未发表的朱光潜《我的简历》）

1941 年（民国三十年）

1 月，《冯友兰先生的〈新理学〉》发表于《文史杂志》第一卷第二期。《冯友兰先生的〈新理学〉》一文。朱光潜曾拿该发表文给朱自清看过，又托卢代曾君代寄该文于宗白华、方东美，以求证。可见朱光潜很看重此文。这篇论文显示了作者极为深厚的西方哲学功底和缜密的思辨能力。对冯友兰《新理学》既有肯定，也有批评。

5 月 12 日，致信方东美论诗，云：“弟自入蜀以来，人事多扰，所学几尽废，而每日必读诗。”

9 月，任武汉大学教务长兼外文系主任。

是年，参加《思想与时代》杂志编委会，与张其昀、钱穆、郭斌和、冯友兰、贺麟五人同为编委，张其昀任主编。

1942 年（民国三十一年）

2 月，《乐的精神与礼的精神——儒家思想传统的基础》发表于《思想与时代》第七期。该文显示了朱光潜与传统文化的思想渊源关系，延续了他一贯的简约清晰的文风。

是年，按大学里“长”之号人物皆须加入国民党，在校长王星拱的介绍下加入国民党。

1943 年（民国三十二年）

2 月，《从我怎样学国文说起》发表于《文学创作》，第一卷第五期。这是一篇“自传”性的文章,表明了作者的传统文化的思想渊源和对其改造的态度。

5月,《谈修养》由重庆中国出版社出版。收入作者1940年至1942年撰写的二十二文章。

6月,《诗论》由重庆国民图书出版社出版,是为“抗战版”。朱光潜后来曾写道:“在我过去的写作中,自认为用功较多,比较有点独到见解的,还是这本《诗论》。”

10月,《我与文学及其他》由上海开明书店出版。

1944年(民国三十三年)

5月,教育部颁发1943年度学术奖,《诗论》获二等奖。

1945年(民国三十四年)

8月,抗战胜利,日本投降。“抗战胜利后内迁的学校筹备复员,伪教育部长朱家骅接受副部长杭立武(我的同乡和留英同学)的建议,任命我当安徽大学校长,我不愿搞行政职务,辞了没有就,回到北大。”(引自未发表的朱光潜《我的简历》)

1946年(民国三十五年)

5月,《谈文学》由上海开明书店出版。

是月,任北京大学西语系教授兼主任。

10月,《陶渊明》(上、下)发表于天津《大公报·星期文艺》第一、二两期。这是朱光潜用力最深的一篇佳作。陶渊明的人格实是朱光潜人格的返照,儒道释兼而有之,不落于一边。对人生既有欣喜,又有感慨,是所谓“欣慨交心”。故而朱光潜也从陶潜诗句“游暮春也,春服既成,景物斯和,偶景独游,欣慨交心”(《时运》)中取“欣慨”两字为自己的室名。

12月,《文学杂志》准备复刊,重组五人编委会:杨振声、朱光潜、沈从文、冯至、姚可昆。朱光潜仍任主编,常风仍任助理编辑。

1947 年(民国三十六年)

6 月,《文学杂志》复刊。“文学杂志复刊,仍由我主编,写过几篇文章,记得有一篇论游仙诗。”(引自未发表的朱光潜《我的简历》)

7 月,《看戏与演戏——两种人生理想》发表于《文学杂志》第二卷第二期。该文后遭到郭沫若的曲解和攻击,称朱光潜为“蓝色文艺”代表。其实,这篇文章集中反映了朱光潜整合中西方文化思想资源于自己人生观为一个有机整体,文字流畅优美,读来赏心悦目。

8 月,因北大文学院长汤用彤访美讲学,代理文学院院长。

参加中国民主同盟,任中央委员。

11 月,译著《美学原理》(〔意〕克罗齐著)由上海正中书局出版。

发表《苏格拉底在中国(对话)——谈中国民族性和中国文化的弱点》,该文对中国民族性作了深入剖析。

1948 年(民国三十七年)

3 月,《诗论》(增订本)以“正中文艺丛书”一种出版。增加了《中国诗何以走上律的路》上下两篇,“是对于诗作为历史检讨的一个尝试”,另一篇《陶渊明》,“是对于个别作家批评研究的一个尝试”,合三篇。

5 月,《克罗齐哲学述评》由上海正中书局出版。该书曾请郑昕、贺麟、张颐提过意见,是显示朱光潜哲学素养以及驾驭文字表达晦涩难懂的哲学的绝好范文。序云:“作者自己一向醉心于唯心派哲学,经过一番检讨,发现唯心主义打破心物二元论的英雄的企图是一个惨败,而康德以来许多哲学家都在一个迷径里使力绕圈子,心里深深感觉到惋惜与怅惘,犹如发现一位多年的好友终于不可靠一样。”但“唯心派哲学仍是最能引人入胜的,因为它指出或是生出许多有趣的问题。”由于该七万多字的长文原是为翻译克罗齐《美学原理》写的序，故而对克罗齐的理解比先前深入一步，他自己称在《文艺心理学》里对克罗齐的批评有误解。

被选为北平研究院文艺组院士。

9月，《游仙诗》发表于《文学杂志》第三卷第四期。作者说此文“代表了我对中国诗史的摸索”。

11月2日，《世界的出路——也就是中国的出路》发表于《中央日报》。文中说：“目前世界政治的大道至理是民主自由与共产主义的结合与完善。这是世界的出路，也就是中国的出路。”

是月，《文学杂志》第三卷第六期出版后停刊。

12月，《思想就是使用语言》（英文）发表于《北京大学五十周年校庆就文学院纪念专刊》。此文中文译文直到1989年才由张金言翻译载《哲学研究》第一期，这篇重要论文由于历史原因没有受到应有的重视，它实即开启了中国美学研究者从语言美学的视角重新审视传统美学的先河。

1949年（民国三十八年）

“国民党撤退北京时陈雪屏劝我到台湾，有些民主人士（其中有闻家驷）劝我不走，说共产党还要用知识分子，我就留下了。北大仍留我任教，撤消系主任任职。”（引自未发表的朱光潜《我的简历》）

1月31日，北平宣告和平解放。

年初，以晋王弼《集唐字老子道德经注》为底本，参照七种古刊诸本校读老子《道德经》。

1951年

10月，译著《艺术的社会根源》（〔犹太〕哈拉普著）由新文艺出版社出版。

“三反运动中我是北大重点批判对象之一。”（引自未发表的朱光潜《我的简历》）

1952 年

“1952 年院系调整，我仍留北大，教两班翻译课。”（引自未发表的朱光潜《我的简历》）

1954 年

5 月，译著《文艺对话集》（〔希腊〕柏拉图著）由上海文艺联合出版社出版。

1956 年

6 月，《我的文艺思想的反动性》发表于《文艺报》第十二期，该文引发了一场持续六年的美学大讨论。

12 月 25 日，《美学怎样才能既是唯物的又是辩证的——评蔡仪同志的美学观点》发表于《人民日报》。首次提出“物甲物乙”说和两种反映形式说。

1957 年

2 月，出席中国人民政治协商会议第二届全国委员会第三次全体会议，被增补为全国政协委员。此后历任第三、四、五届全国政协委员，第六届全国政协常务委员会委员。“列席了最高国务会议，听了毛主席《关于正确处理人民内部矛盾的问题》的报告；列席了中国共产党全国宣传工作会议，听了毛主席的讲话。”（引自未发表的朱光潜《我的简历》）

8 月，《论美是客观与主观的统一》发表于《哲学研究》第四期。提出美在主观与客观的关系上，并认为马克思主义美学有四个原则，提出艺术是一种意识形态；艺术是一种生产劳动；美学不能只是一种认识论等重要观点。

1958 年

4 月,《“见物不见人”的美学——再答洪毅然先生》发表于《新建设》第四期。提出审美活动四因素说,表明其对马克思实践概念有进一步理解。

5 月,《克罗齐美学的批判》发表于《北京大学学报》(人文科学)第二期。

10 月,《美学批判论文集》由作家出版社出版。

12 月,译著《美学》(第一卷)(〔德〕黑格尔著)由人民文学出版社出版。

1960 年

是年,北京大学哲学系成立美学教研室,这是我国解放后第一个美学研究教育机构。为替美学教研室训练美学教师,朱光潜由西语系借调哲学系,讲“西方美学史”。与此同时,着手翻译西方美学史资料,撰写“西方美学史”讲义。“由于周扬的安排,结果把我调到哲学系工作,继续译黑格尔,替青年教师讲西方美学史,指导研究生,后来又在本科开西方美学史。”(引自未发表的朱光潜《我的简历》)

4 月,《生产劳动与人对世界的艺术掌握——马克思主义美学的实践观点》,正面提出实践美学观。把艺术生产看作掌握世界的实践观,这一观点一直是朱光潜晚年坚持的观点。

1961 年

“参加了周扬主持的文科教材会议,会议决定由我编写西方美学史教材和资料附编。”(引自未发表的朱光潜《我的简历》)中共中央宣传部和高等教育部联合组织、领导编写全国高等学校文科教材。哲学专业教材编写组组长艾思奇、副组长洪禹、齐一,负责组织一批具有较高学术水平和教学经验的学者编写六种教材，指定由朱光潜编写一部《西方美学史》。

1962 年

7 月 16 日，《美感问题》发表于《光明日报》。

"由周扬提定我和钱锺书、缪灵珠三人赴上海参加复旦大学召开的座谈会，讨论伍蠡甫主编的《西方文论选》的选目。"（引自未发表的朱光潜《我的简历》）

1963 年

7 月，《西方美学史》（上卷）由人民文学出版社出版。

"参加科学院哲学社会科学部门扩大会议，发言批判周谷城的美学观点，题为《反映论与表现主义的基本分歧》，在《文艺报》发表。会后荣幸地由毛主席接见，同时召见的有十余人。"（引自未发表的朱光潜《我的简历》）

9 月，译著《文艺对话集》（〔希腊〕柏拉图著）由人民文学出版社出版。

"代冯至主编中宣部委托北大西俄语系编选的《西方资产阶级关于人道主义和人性论的资料》及序文批判"（引自未发表的朱光潜《我的简历》）

1964 年

8 月，《西方美学史》（下卷）由人民文学出版社出版。这是有史以来中国学者第一部全面、系统地研究西方美学史的巨作，作者自称："是我回国后头二十年中惟一的一部下过功夫的美学著作。"学术界评价这部书代表了中国美学界在西方美学史领域的研究水平。

1966 年

8 月，被打成"资产阶级反动学术权威"，接受监督劳动改造。

剥夺了基本的工作权利，被宣布为“无产阶级专政的对象”，进入持续被批判的状况。

1970 年

冬，开始继续翻译黑格尔《美学》第二、三卷。

1972 年

4 月，中共北京大学党委和校革命委员会结束了对朱光潜历史问题长达数年的审查。

1977 年

校改黑格尔《美学》第二、三卷和《歌德谈话录》。

1978 年

对美学这门学科的性质重新思考，对文艺问题，人性论、人道主义问题、形象思维问题提出自己的新看法，引发来学术界有关文艺诸多方面问题的讨论。

出席全国文联扩大会议。

9 月 16 日，在致阮延龄的信中说：“我对美学的见解近来有些转变，写过一篇长文，题为《形象思维：从认识和实践的角度来看》，以补拙著《西方美学史》的总结章。”

是月，译著《歌德谈话录》（〔德〕爱克尔曼辑录）由人民文学出版社出版。

10 月，《文艺复兴至十九世纪资产阶级文学家、艺术家有关人道主义、人性论的言论概述》发表于《社会科学战线》第三期。该文实际是 60 年代为编《从文艺复兴到十九世纪资产阶级文学家、艺术家有关人道主义、人性论言论选辑》一书所写的序言，因为朱光潜已成为“无产阶级专政对象”，故该书出版时，把“序”抽去了。

1979 年

1 月,译著《美学》(第二卷)与《美学》(第一卷)(〔德〕黑格尔著)由商务印书馆出版。

6 月,《西方美学史》(上卷)由人民文学出版社再版。重写《序论》和《结束语》。

8 月,译著《拉奥孔》(〔德〕莱辛著)由人民文学出版社出版。

11 月,出席中国文学艺术工作者第四次全国代表大会。会议期间,从赵家璧处得知邦尼·麦克杜哥博士(Dr. Bonnie S. McDcugall,中文名杜博妮)的长篇论文《从倾斜的塔上瞭望:朱光潜论 20 世纪 20 至 30 年代的美学和社会背景》。此文 1976 年发表在瑞典斯德哥尔摩大学出版的《中国近代文学及其社会背景》一书中。译文载《新文学史料》1981 年第 3 期。

是月,译著《美学》(第三卷:上册)(〔德〕黑格尔著)由商务印书馆出版。

1980 年

1 月,《美学》发表于《百科知识》第一期。

6 月,在昆明召开的第一届全国美学会议上,当选为中华全国美学学会会长。

7 月,《马克思的〈经济学—哲学手稿〉中的美学问题》和译作《经济—哲学手稿》(节译)(〔德〕马克思著)发表于《美学》第二期。

8 月,《谈美书简》由上海文艺出版社出版。

夏,在《美学拾穗集》“缘起”中说:“目前已开始译维柯的《新科学》,预计明年完成。”

9 月,《美学拾穗集》由百花文艺出版社出版。该文集选编了作者八十岁以后写作的美学论文和札记共十一篇,并附录关于马克思

《关于费尔巴哈的提纲》建议校改的译文,以及马克思《经济学—哲学手稿》部分章节的译文,反映了作者晚年研究马克思主义的心得。

12 月,《朱光潜美学文学论文选集》由湖南人民出版社出版。

1981 年

3 月,发表《中国古代美学简介》,对儒家礼、乐传统和中国古代美学典籍作了简要说明。

7 月,译著《美学》(第三卷,下册)(〔德〕黑格尔著)由商务印书馆出版。由朱光潜翻译的这套著作赫然摆在黑格尔故居陈列室。

是月,《艺文杂谈》由安徽人民出版社出版。该文集搜集了作者过去三十六篇文艺随笔、杂论。作者认为题名起得很好,他在"序言"中说:"这部选集忠实地记录了我在文学和美学方面摸索道路的过程,不但见出我的思想发展,而且也描绘出我个人的性格面貌。"

1982 年

2 月,《朱光潜美学文集》(第一卷)由上海文艺出版社出版。这是当时最系统出版的朱光潜美学文集。

9 月,《朱光潜美学文集》(第二卷)由上海文艺出版社出版。

10 月 16 日,北京一些知名学者在未名湖畔的临湖轩聚会庆贺朱光潜从教六十周年,与会者包括叶圣陶、萨空了、李文宜、闻家驷、王朝闻、冯至、卞之琳、任继愈等。

1983 年

1 月,《关于沈从文同志的文学成就历史将会重新评价》发表于《湘江文学》第一期。

3 月,应香港中文大学新亚书院金耀基院长的邀请赴香港主持新亚书院主办的第五届"钱宾四先生学术文化讲座"。演讲的题目是《维柯的〈新科学〉及其对中西美学的影响》。在港期间，与阔别四十余年的老友钱穆相见，场面感人。

10月，因病缺席中华全国美学会在厦门召开的第二届年会，向学会提出辞去会长职务的书面请求。当选为名誉会长。

11月，译著《美学原理》(〔意〕克罗齐著)与韩邦凯、罗芃译克罗齐《美学纲要》由外国文学出版社合集出版。

12月，《朱光潜美学文集》(第三卷)由上海文艺出版社出版。

1984年

1月，为胡乔木《关于人道主义与异化问题》一文提修改意见。

4月，《新科学》、《维柯自传》译稿已整理出来，《关于〈新科学〉中一些中译词的说明》经多次修改、整理后基本定稿。

7月21日，经北京友谊医院检查，诊断为脑血栓症。

是月，《诗论》由三联书店重版。增补《中西诗在情趣上的比较》和《替诗的音律辩护》两篇作为附录，分别附于相应的章节后。作者在"后记"指出:"我在这里试图用西方诗论来解释中国古典诗歌，用中国诗论来印证西方诗论;对中国诗的音律、为什么后来走上律诗的道路，也作了探索分析。"

是月，《朱光潜美学文集》(第四卷)由上海文艺出版社出版。

是年，《维柯的〈新科学〉及其对中西美学的影响》由香港中文大学出版社出版。

是年，收到美国世界维柯研究会的邀请，准备参会，因病未成行。

1985年

3月，香港大学授予朱光潜名誉文学博士学位，这是香港大学授予中国大陆学者的第一个荣誉学位。因病不能赴港，由长女朱世嘉代去香港接受，并由她代为宣读《我的答谢词》。

秋，香港大学校长黄丽松专程到北京大学，在临湖轩为朱光潜颁发荣誉博士证书，并举行了加袍典礼。

1986 年

3 月 5 日，上午突然发病，因脑出血引起呕吐，很快不省人事，送医院抢救无效，于 3 月 6 日凌晨 2 时 30 分与世长辞。

3 月 7 日，朱光潜遗体告别仪式在北京八宝山举行。

5 月，译著《新科学》(〔意〕维柯著)由人民文学出版社出版。

1987—1993 年，《朱光潜全集》二十卷由安徽教育出版社出版。

中国研究变态心理学的一座历史丰碑

宛小平

一、中国首部系统评介变态心理学派别的著作

很少有人知道,作为蜚声海内外美学大家的朱光潜先生,当他着手建构美学系统的思想逻辑起点却是心理学,尤其是变态心理学。他的《变态心理学派别》成书于1929年,1930年4月由开明书店出版,这部书可以说是中国首部系统评介变态心理学派别的著作。在此之前,先生还在1921年7月25日出版的《东方杂志》第18卷第14期上,撰长文《福鲁德的隐意识与心理分析》评介弗洛伊德。文章从九个方面全面介绍弗洛伊德的隐意识(一般译为"无意识"或"潜意识")学说:福鲁德的隐意识说;隐意识与梦的心理;隐意识与神话;隐意识与神经病;心理分析;心理分析与神经病疗学;结论。无论就评介的范围和分析的深度都远远超越了20年代初汪敬熙通过英文翻译介绍弗洛伊德心理学和罗迪先由日文译介厨川白村《近代文学十讲》而介绍的弗洛伊德精神分析学的水平。这篇文章可以看作先生写这本书的思想雏形。所以,高觉敷在给先生《变态心理学派别》作序里称:"譬如我们现在都知道弗洛伊德,但是介绍弗洛伊德的学说的,算是他第一个。"此非虚言!

二、全书的结构、内容和条理

全书共九章。另附参考书籍和一个简要书目。从这些书目看,大多在20世纪20年代前后的英法心理学家的著作。可以见出朱先生的研究是非常前沿的,甚至研究主要对象的弗洛伊德那时仍然健在。

名不正则言不顺。第一章“引论”先给变态心理学“正名”。“研究隐意识和潜意识的心理学通常叫作‘变态心理学’(Abnormal Psychology)。严格地说,这个名词并不精确。从近代心理学的观点看,任何人的心理都带有若干所谓‘变态’的成分。”(《朱光潜全集(新编增订本)》第2卷,中华书局2012年9月版,第6页)像梦和催眠暗示都是变态作用,“我们还可以说,通常所谓‘变态’其实都是‘常态’,因为‘变态’是潜意识或隐意识作用,而这两种作用实占心的最大部分。”(同上,第6页)遂引出近代变态心理学的两大“流”:发源于法国的“巴黎派”和“南锡派”。

第二章“巴黎派和南锡派”和第三章“新南锡派”可以看作围绕催眠术争论相互关联“流”与“变”的结构。巴黎派(以夏柯代表)视催眠状态为一种精神病症,只有患精神病的人可受催眠,因此,催眠主因不是暗示;而南锡派(以般含代表)则偏重催眠的心理方面,与病理无关,催成的睡眠与天然的睡眠,根本无二致。朱光潜从“变态”非生理而和心理“常态”并非抵牾的解释出发,对这两派之争评价是有倾向的,他说:“巴黎派与南锡派争辩颇久。他们究竟谁是谁非呢?现代学者大半都赞同南锡派的主张,只有耶勒还跟着夏柯相信催眠是一种精神病态!”(《朱光潜全集(新编增订本)》第2卷,中华书局2012年9月版,第13页)第三章“新南锡”(以鲍都文代表),顾名思义,自然和南锡在思想上有传承,这个传承就在于接受了南锡派“念动的活动”这个基本信条。这是思想传承的“流”。但是,对旧南锡派又有所发展,认为暗示不必要催眠,也不必要有催眠者,我们每个人皆可“自暗示”,因此,新南锡派更看重“暗示”这个观念在潜意识中实现于动作。而不是像旧南锡派仅局限于“施诊者暗示一观念于受诊者,而受诊者接收这个观念于心中”的教条。这是侧重思想的“变”。

第四章“耶勒”是全书的“枢纽”,“巴黎派和南锡派的分子全是医生,偏重实际治疗的功效,对于学理却不甚过问。到了耶勒(Janet)的手里,他才根据精神病治疗和催眠暗示的经验,建筑一种变态心理学出来。耶勒的学说可以说是集巴黎派和南锡派之大成。”(《朱光潜全集(新编增订本)》第2卷,中华书局2012年9月版,第122页)这可以说是本章的“上承”作用。而耶勒认为变态心理之所以发生,是所谓“分裂作用”,即由于全体心理系统“分裂”开去,而某一观念脱离这全体系统而独立,不受其他观念来节制,它也不能节制其他观念。耶勒进一步指出,精神病多起于分裂作用,意识之所以分裂是因为“综合作用的失败。”“综合作用的失败”又是因为“心力疲竭”(exhaustion)。“心力疲竭”又是由情感(emotion)的消耗与浪费。伴随着“受伤记忆”(traumatic memories)。耶勒把这“受伤记忆”称之为“潜意识的固定观念”(subconscious fixed ideas)。这个说法颇类似弗洛伊德的“被压抑的欲望”。其实,耶勒和弗洛伊德的理论都是从这个“分裂作用”为精神病原因出发的。这是本章的“下接”作用。当然,对于俩人也有两点不同。“(一)论成因,弗洛伊德的根本原理是‘压抑’(repression),耶勒的根本原理是‘疲竭’(exhaustion)。(二)论内容,弗洛伊德的‘被压抑的欲望’几全关性欲,而耶勒则力反对此说,他以为任何观念都可以形成潜意识。弗洛伊德的隐意识以情感为中心,耶勒的潜意识,以固定观念为中心。”(同上,第38页)

“第五章弗洛伊德(上篇)、第六章弗洛伊德(下篇)、第七章荣格、第八章阿德勒”,这四章可以作为一个整体来看:即都是以压抑作用解释隐意识现象者。

在这四章中先生用两章篇幅评介弗洛伊德,也可见是本书的“重中之重”。也说明在派别林立的变态心理学领域里弗洛伊德的地位和贡献最大!

朱光潜在介绍弗洛伊德变态心理学时,对中国心理学贡献首先体现在他对英文 unconscious 一词在弗洛伊德精神分析学中应译成“隐意识”,不能译成“无意识”这一独特观点。把 unconscious 译成“潜意识”是我们现代心理学教科书的一般译法,朱先生也不赞成,因为在法国派心理学用“潜意识”译 subconscious 比较妥当。它一方面不是“无意识”,在“主意识”失去作用时,仍可回到意识界,如催眠状态睡行症等。另一方面它又和弗洛伊德“隐意识”有别,它和意识虽然分裂却不是处于敌对状态。所以,朱先生主张用“潜意识”去翻译法国心理学派 subconscious;用“隐意识”去泽弗洛伊德 unconscious 一词。这样意思不会混淆。这个区分是精确细致的,至今仍未被心理学界足够的重视。因为这不仅仅是一个译名的问题,它还是理解法国心理学派和弗洛伊德精神分析学派的理论的“分水岭”。朱先生指出:“无意识、潜意识、前意识、隐意识的分别。德文 unbewussten,英文 unconscious 通常译为‘无意识’。原来这个字在心理学上有两个意义:(一)暂时不在意识境界的心理构造和机能。(二)通常不能回到意识境界的心理构造和机能。第二义本包括在第一义之中,而却不可与第一义相混。第一义可译为'无意识',而第二义则译为'隐意识'较为精确。比如反射动作和习惯动作大半是'无意识'作用而非'隐意识'作用(如走路——引者),做梦大半是隐意识作用,若称为'无意识'则不免混糊。'无意识'的范围比'隐意识'大。非'隐意识'的'无意识',弗洛伊德称为'前意识'(preconscious),即通常容易召回的记忆。法国派心理学者所谓'潜意识'或'下意识'(subconscious)则用得很含混。它是'固定观念'所形成的系统,为精神病原所在,所以近于弗洛伊德的'隐意识',但是它并不一定是不能召回的记忆,例如两重人格的两重记忆尝自由交替现于意识界,所以它又近于弗洛伊德的'前意识'"。(同上,第47页)

由此可见,"潜意识和隐意识的分别极为重要。耶勒派和弗洛伊德派分道扬镳,就从这个界线出发。耶勒派偏重潜意识现象,统辖潜意识现象的基本原理是分裂作用;弗洛伊德派偏重隐意识现象,统辖隐意识现象的基本原理是压抑作用。"(同上,第128页)可以说,分裂作用是人的观念系统发生错乱的结果,而压抑作用则是人的本能(快感原则)和社会习俗、道德教育(现实原则)相冲突的产物。人的本能欲望大半为社会道德和法律规范相抵牾,"不过社会裁判力太强,而保存自我的冲动又不容我轻为欲望牺牲,结果往往是欲望让步。心理状况中于是有所谓'压抑'(repression)。'压抑'是弗洛伊德学说的精髓,我们须得懂透。"(同上,第46页)这个被压抑下去的意识就成为"隐意识"。这个"隐意识"好比躲藏在舞台的幕后,中间有一个幕布"前意识(通常记忆)"把它和"意识"隔开。在弗洛伊德看来,意识只是前意识的一部分,从前意识到意识或者从意识到前意识,只是刹那间的事,二者虽有界限却没有不可逾越的鸿沟,在图表中可以用虚线表示。

意　识
前意识 (通常记忆)
隐意识 (被压抑欲望)

隐意识则不同,它要回到意识里来是困难的,用实线表示。"隐意识所以不易召回于意识者,因为意识有一种'检察作用'(censor)。隐意识是欲望的逋逃薮,而意识则为道德法律功利等观念所支配。隐意识根据'陕感原则'而活动,意识则根据'现实原则'而活动。"（同上,第48页）

应该看到,在耶勒那里把"分裂作用"看作人的心力疲竭(exhaustion)所致,而弗洛伊德则是把"压抑作用"看作人的本能欲望(包括用以绵延种族的性欲本能"sexual instinct"和用于保护个体的自我本能"ego instinct"两种欲望)得不到宣泄的结果。这个被压抑的"来比多"(libido)在暗中反倒更加活跃,并集积形成"情意综"(complexes)。有"恋母情意综"(Dedipus complex,称为"俄狄浦斯情意综"),有"恋父情意综"(Electra complex 称为"厄勒克特拉情意综")它们不断向意识领域明侵暗犯。隐意识向意识"明侵",于是有精神病发生;隐意识向意识"暗犯",于是有"梦",而且这"梦"常常是以伪装和象征来进行的。"梦何以要化装,要用象征呢?象征的用意在逃免意识的检察作用,意识检察在睡眠中虽较疏懈,然亦非完全失去防范力,若欲望赤裸裸的冲进意阈,它的不道德的意

味或能惊醒意识的检察作用,所以须化装。”(同上,第49页)

治疗精神病的方法是运用“心理分析法”(psychoanalysis),把致病的诱因找出并召回到记忆中来,使被压抑的隐意识宣泄之后不再作祟;通过正当的途径来疏导淤积在隐意识中的本能欲望。所以,除了男女异性对象为宣泄渠道之外,像文艺便可以将“意欲的升华”,“‘升华’作用把隐意识引导到文艺上去发泄,好比把横行的劫盗训练为有纪律的军队。”(同上,第54页)

关于弗洛伊德心理学理论贡献和局限性,朱光潜认为:“就在打破唯理派的偏见,证明情感和本能在心理上占首要位置。”(同上,第141页)在心理治疗方面,“弗洛伊德的最大贡献在发明心理分析法以治精神病。”(同上,第65页)然而,弗洛伊德对梦的解释还是“太牵强”。隐意识何以要化装以避免意识的“检察作用”而出现于意识界呢?倘若说是寻求快感,这不是和隐意识本来是带有不快感而被压抑到深层相矛盾吗?他的“隐意识”也是一个非常暧昧的概念。“隐意识”既不能从意识察觉,就只存在一个推测,不可证明。此外,“弗洛伊德还有一大缺点,就是对于心理学的生理基础无所说明。”(同上,第65页)“他只管说压抑、化装、检察、升华,而丝毫没有顾虑到这些作用是否在现在生理科学上能寻得根据。”(同上,第65页)

第七章“荣格”。荣格学说是对他老师弗洛伊德学说的改造。因此,朱光潜这章是把荣格学说和弗洛伊德隐意识说作比较。指出荣格分“隐意识”为两种:“一为‘个体的隐意识’(personal unconscious),一为‘集团的隐意识(collective unconscious)’,‘个体的隐意识’有两大成分:(1)被遗忘的经验,相当于弗洛伊德的‘前意识’。(2)被压抑的欲望,相当于弗洛伊德的‘隐意识’”。(同上,第67

页)但是,这“个体的隐意识”仅占意识的一小部分,其绝大部分则为“集团的隐意识”。这“‘集团的隐意识’包含两大要素:(1)本能,荣格和弗洛伊德一样,都以为本能根本只有两种,一为绵延种族用的,即性欲本能,一为保存个体用的,即营养本能(nutritive instinct)(较弗洛伊德的‘自我本能’稍窄狭)。(2)‘原始印象’(primordial images)。‘原始印象’是人类在原始时代所蓄积的印象,其种类甚多。最普通的是神话(myths)。”(同上,第68页)

另外,弗洛伊德持“性欲观”(sexual view),而荣格持“能力观”(energic view)。总之,“荣格最大的贡献有两点。第一点是把‘来比多’看作广义的‘心力’,打破弗洛伊德的‘泛性欲观’。第二点是着重‘集团的隐意识’和‘心理原型’,这也是救弗洛伊德偏重个人环境而忽略种族遗传之弊。”(同上,第77页)

第八章“阿德勒”。阿德勒也是弗洛伊德的学生。弗洛伊德认为一切神经精神病根源于性欲受到压抑。阿德勒则认为神经精神病在于“自卑感”和“在上意志”的冲突。前者只肯定性欲本能;后者则只认得自我本能,把性欲本能只看作是自我本能的变相。“性欲是在上意志的化装”(同上,第83页)。“在上意志”(the will to be above),就是要比旁人优胜。如果自觉有缺陷,便生“卑劣感觉”,于是就会极力设法去“弥补”。如贝多芬、莫扎特和舒曼都有耳病,反倒成就为大音乐家。

第九章“普林斯”。普林斯本来是继承法国耶勒以分裂作用解释潜意识现象者。把其放在最后一章,从学理上似乎很吊诡。当然有作者从时间先后考量的原因,但更重要的是,普林斯所代表的英美派不像前面大陆学派藐视“经验式”心理学;不如说他们就是以心理学的身份去研究变态心理学。这就契合了开篇朱光潜主张

“变态”和“常态”心理学非对立的观点。

当然,普林斯对变态心理学的贡献还在于他提出的“并存意识”。因在耶勒那里,分裂开来的主意识和副意识是不能同时并存的。而普林斯则认为分裂的意识可以同时活动,有时甚至彼此相知觉,相记忆。他称之为“并存意识”(co-consciousness)。“他把潜意识分为并存意识和无意识两部分。‘无意识’存在于意识边缘之外,包含过去经验中可复现于意识的记忆和不可复现于记忆的生理的留痕。并存意识存在于意识边缘,和中心意识相对。”(同上,第125页)

综上所述,我们可以根据学理上把变态心理按照“以分裂作用解释潜意识现象者”和“以压抑作用解释隐意识现象者”来梳理,以图示:

(一)

以分裂作用解释潜意识现象者
- 巴黎派—夏柯—耶勒(迷狂症)
- 南锡派—般含—(催眠术)
- 新南锡派—库维—鲍都文(自暗示)
- 英美派—以普林斯代表(并存意识)

(二)

以压抑作用解释隐意识现象者
- 维也纳派—弗洛伊德(泛性欲观)
- 苏黎世派—荣格(集团的隐意识)
- 个别心理学派—阿德勒(缺陷器官与弥补)

三、重新发现和再认识朱光潜《变态心理学派别》

毫无疑问,朱光潜是中国最早系统介绍弗洛伊德并对变态心理学作过切实研究的学者,这种研究对于他后来转向美学领域也起了巨大作用，从他代表作《文艺心理学》和英文撰写的博士论文《悲剧心理学》著作的名称即可见出。

然而，令人遗憾的是：朱先生后来只说过他受到过克罗齐和尼采的影响，却对弗洛伊德及其变态心理学之影响三缄其口。固然，这和1949年后的政治气候相关，弗洛伊德关于性的理论不但被视为“黄色”的，而且其“非理性”色彩也和马克思主义的“理性”倾向格格不入！“文革”结束后，等到“弗洛伊德热”在中国掀起时，那已经是1985年末到1986年初，此时朱先生已到了生命的尽头，对弗洛伊德再表态，恐怕已经“无可奉告”了！

又过了三十年，如今的中国社会经济和文化已经发生了巨大变化。商业文化侵入和科技工具理性的压迫，人的“异化”现象非常普遍，人们很难分清“常态”和“变态”的绝对界限，像密集恐惧症、萝莉控、恋物癖、贪食症、幽闭恐惧症、强迫症、抑郁症、自杀行为、癔症、药物依赖、精神分裂、偏执狂、焦虑症、社交恐惧等心理现象无不和我们每个人实际生活密切相关！在一个世纪前，或许你还可以把这些现象和“常态”区分开来称作“变态（或异态）”。但今天似乎已经不大可能了。重温朱先生近一个世纪前就竭力主张“变态”和“常态”是相对的，每个人都有变态心理的论断；而且，先生始终强调精神病是“机能病”（就是不必有生理基础的心理病）。这和我们今天习惯把变态心理作为疾病来研究，称之为病理心理学（psychopathology）是相去的多么远！今天的变态心理学研究似乎已经走入了“死胡同”，完全被科学诱拐了！也许，我们必须回到朱光潜，重新认识朱光潜的《变态心理学派别》这本书，因为它牢牢地把“变态”放在“心理”上，而不是“生理”上。